图解触摸屏从入门到精通

杨锐　主编

武汉工邺帮教育科技有限公司　组编

U0363008

华中科技大学出版社

中国·武汉

内 容 简 介

本书详细介绍了工控组态软件 McgsPro 在各种控制系统中的应用，以实用、易用为目的，从简单到复杂，力求使读者能轻松掌握 MCGS 组态软件的使用方法。本书系统介绍了昆仑通态触摸屏的应用、MCGS 软件、工程建立和下载、MCGS 与 PLC 通信连接、MCGS动画构建、西门子 PLC 案例和触摸屏数据关联、电机正反转案例画面组态、画面切换案例、MCGS 的实时曲线和历史曲线、MCGS 的报表和存盘数据浏览、MCGS 的报警条和报警浏览、MCGS 的用户权限等。

本书内容丰富，深入浅出，有较强的实用性和可操作性。本书可作为自动化、机电一体化等专业的基础教材，还可作为相关专业工程技术人员的自学用书。

图书在版编目（CIP）数据

图解触摸屏从入门到精通/杨锐主编; 武汉工邺帮教育科技有限公司组编 .—— 武汉: 华中科技大学出版社，2024.8.——ISBN 978-7-5772-1125-1

Ⅰ. TP334.1

中国国家版本馆 CIP 数据核字第 2024BH1526 号

图解触摸屏从入门到精通　　　　　　　　　　　　　　　　　　　　　　杨　锐 主编
Tujie Chumoping cong Rumen dao Jingtong　　　　　　　武汉工邺帮教育科技有限公司 组编

策划编辑：张少奇

责任编辑：罗　雪

封面设计：原色设计

责任监印：朱　玢

出版发行：华中科技大学出版社（中国·武汉）　　　　电话：（027）81321913
　　　　　武汉市东湖新技术开发区华工科技园　　　　邮编：430223

录　　排：武汉工邺帮教育科技有限公司

印　　刷：武汉美升印务有限公司

开　　本：787mm×1092mm 1/16

印　　张：10.5

字　　数：231 千字

版　　次：2024 年 8 月第 1 版第 1 次印刷

定　　价：68.00 元

本书若有印装质量问题，请向出版社营销中心调换
全国免费服务热线：400-6679-118 竭诚为您服务

前　言

　　本书系统地介绍了昆仑通态触摸屏的应用，主要内容包括：昆仑通态触摸屏的应用、MCGS 软件、工程建立和下载、MCGS 与 PLC 通信连接、MCGS 动画构建、西门子 PLC 案例和触摸屏数据关联、电机正反转案例画面组态、画面切换案例、MCGS 的实时曲线和历史曲线、MCGS 的报表和存盘数据浏览、MCGS 的报警条和报警浏览、MCGS 的用户权限等。

　　全书内容由浅入深，重点突出，层次分明，注重内容的系统性、针对性和知识性。本书图文并茂，特别适合初学者学习和使用，对有一定可编程逻辑控制器（PLC）基础的读者来说，也是不可多得的学习和参考资料。

　　本书可作为电气工程技术人员学习西门子 PLC 技术的参考用书，也可作为普通高等学校自动化、电气、机电一体化等专业学生的 PLC 参考用书。

　　由于编者水平有限，书中难免有不足之处，敬请广大专家和读者批评指正。

编者

2024 年 5 月

目　　录

第1章 系统介绍

1.1 组态与组态软件

1.什么是组态

组态就是英语中的 configuration。其有配置、设置的含义,在工控领域指模块的组合。组态软件是辅助操作人员根据控制对象和控制任务的要求配置计算机硬件及软件,从而让计算机按照预先设定自动执行特定的任务的软件产品。

为了理解组态的概念,以组装一台电脑为例来类比。如果我们要组装一台电脑,只要事先选购好(非自己制作生产)主板、机箱、电源、CPU、显示器、硬盘、光驱等部件,然后用这些部件加上一些设置软件就可以拼凑成自己需要的电脑。组态与组装电脑类似,也是用各种软部件(非编程方式)组成一个监控系统。

"组态"一词既可以用作名词也可以用作动词。计算机控制系统在完成组态之前只是一些硬件和软件的集合体,只有通过组态,才能成为一个具体的满足生产过程需要的应用系统。

2.为什么需要组态软件

组态技术是随着计算机控制技术发展而出现的。由于工业生产规模日益变大,工艺流程复杂程度和工艺精度提高,同时生产中还希望保障生产安全,降低运行成本,提高运行管理水平,取得最佳效益,因此计算机控制系统不仅要能对生产过程中的工艺参数的变化进行控制,还必须要能够对这些参数进行操作、监视、记录,生成报表,超过上下限时进行报警等。

在组态概念出现之前,开发工业控制软件时都是通过编写程序(如使用 BASIC、C、FORTRAN 等语言编程)来实现上述任务的。编写程序不但工作量大而且容易犯错误。一旦工业被控对象有变动,就必须修改其控制系统的源程序,导致其开发周期长;已开发成功的工控软件又由于每个控制项目的不同而重复使用率很低,导致其非常昂贵;在修改工控软件的源程序时,倘若原来的编程人员因工作变动而离去,则必须由其他人员或新手进行源程序的修改,因而更加困难。

由于用户对计算机系统的要求千差万别（包括流程画面、系统结构、报表格式、报警要求等），而开发商又不可能专门为每个用户进行开发，所以比较好的方案是事先开发好一套具有一定通用性的软件开发平台与各大硬件厂商的硬件模块（PLC、I/O 模块，通信模块等）配套，然后再根据用户的要求在软件开发平台上进行二次开发，以及进行硬件模块的连接。这种软件二次开发工作就称为组态。相应的软件开发平台就称为控制组态软件，简称组态软件。

组态软件更确切的名称应该是数据采集与监视控制或者人机界面（HMI）软件。

3. 组态软件的功能

1）实现工况动态可视化

组态软件具有强大的画面显示功能，充分利用 Windows 图形功能完善、界面美观的特点，绘制出各种工业画面，并可任意编辑，丰富的动画连接方式使画面生动直观，支持操作图元对象的多个图层，可灵活控制各图层的显示与隐藏，实现简单灵活的人机操作界面。

2）数据采集与管理

组态软件提供多种数据采集功能，供用户进行配置。组态软件能与采集控制设备进行数据交换，广泛支持各种类型的 I/O 设备、控制器和各种现场总线技术及网络技术。

3）过程监控报警

组态软件强大的分布式报警功能可实现多层次的报警组态和报警事件处理、管理，支持模拟量、数字量及系统报警灯。报警内容可设置，如限值报警、变化率报警、偏差报警等。

4）丰富的功能模块

组态软件利用各种功能模块，完成实时监控、产生功能报表、显示历史曲线和实时曲线、报警等功能，使系统具有良好的人机界面，易于操作。系统既可采用单机集中式控制和分布式控制系统（DCS），也可以是带远程通信能力的远程测控系统。

5）强大的数据库

组态软件配有实时数据库，可存储各种数据，如模拟量、离散量、字符型变量等，实现与外部设备的数据交换。

6）控制功能

组态软件提供丰富的控制功能库（如 PLC、先进控制策略等），以满足用户的测控要求和现场要求。

7）脚本功能

组态软件采用可编程的命令语言，使用户可根据需要编写程序，增强系统功能。

8）仿真功能

组态软件提供强大的仿真功能使系统并行设计，从而缩短开发周期。

4. 常用的组态软件

世界上第一个把组态软件作为商品进行开发、销售的专业软件公司是英国的

Wonderware 公司，它于 20 世纪 80 年代末率先推出第一个商品化监控组态软件 Intouch。此后组态软件得到了迅猛的发展。目前世界上的组态软件有几十种之多。按照使用对象来分类，组态软件可分为两类：一类是专用的组态软件；另一类是通用的组态软件。

专用的组态软件主要是一些集散控制系统厂商和 PLC 厂商专门为自己的系统开发的组态软件，如罗克韦尔（Rockwell）公司的 RSView，西门子（Siemens）公司的 WinCC、霍尼韦尔（Honeywell）公司的 PlantScapet 等。

通用的组态软件并不特别针对某一类特定的系统，开发者可以根据需要选择合适的软件和硬件来组成自己的计算机控制系统。如果开发者在选择了通用组态软件后，发现其无法驱动自己选择的硬件，则可以提供该硬件的通信协议，请组态软件的开发商来开发相应的驱动程序。

通用组态软件目前发展很快，也是市场潜力很大的产业。国外开发的组态软件有 Fix/iFix、InTouch、Citech、Lookout TraceMode 及 Wizcon 等。国产的组态软件有组态王（Kingview）、MCGS、Synall2000、ControX2000、Force Control 和 FameView 等。

下面简要介绍几种常用的组态软件。

1）InTouch

英国 Wonderware 公司的 InTouch 堪称组态软件的"鼻祖"。该公司率先推出 16 位 Windows 环境下的组态软件，在国际上取得了较高的市场占有率。InTouch 软件的图形功能较丰富，使用较方便，其 I/O 硬件驱动丰富、工作稳定，在中国市场普遍受到好评。

2）iFix

美国 Intellution 公司的 Fix 产品系列较全，包括 DOS 版、16 位 Windows 版、32 位 Windows 版、OS/2 版和其他版本，功能较强，是全新模式的组态软件，思想体系结构都比现有的其他组态软件要先进，但实时性仍欠缺。最新推出的 iFix 是全新模式的组态软件，思想和体系结构都比较新，提供的功能也较完整。但由于过于"庞大"和"臃肿"，因此 iFix 对系统资源耗费巨大，且经常受微软的操作系统影响。

3）Citech

澳大利亚 CIT 公司的 Citech 是组态软件中的后起之秀，在世界范围内发展很快。Citech 产品控制算法比较好，有简捷的操作方式，但其操作方式更多的是面向程序员，而不是工控用户。其 I/O 硬件驱动相对比较少，但大部分驱动程序可随软件包提供给用户。

4）WinCC

德国西门子公司的 WinCC 也属于比较先进的产品，功能强大，使用复杂。新版软件有了很大进步，但在网络结构和数据管理方面要比 InTouch 和 iFix 差。WinCC 主要针对西门子硬件设备。因此，对使用西门子硬件设备的用户，WinCC 是不错的选择，用户若选择其他公司的硬件，则需开发相应的 I/O 驱动程序。

5）Force Control

大庆三维公司的 Force Control（力控）是国内较早出现的组态软件之一。该产品在体系结构上具备了较为明显的先进性，最大的特征之一就是其基于真正意义上的分布式实时数据库的三层结构，而且实时数据库结构为可组态的活结构，是个面向方案的 HMISCADA 平台软件，在很多环节的设计上，能从国内用户的角度出发，既注重实用性，又不失大软件的规范。

6）MCGS

深圳昆仑通态科技有限责任公司（以下简称昆仑通态）的 MCGS 的设计思想比较独特，有很多特殊的概念和使用方式，为用户提供了解决实际工程问题的完整方案和开发平台。使用 MCGS 的用户无须具备计算机编程知识就可以在短时间内轻而易举地完成一个运行稳定、功能成熟、维护量小且具备专业水准的计算机监控系统的开发工作。

7）组态王（Kingview）

组态王是北京亚控科技发展有限公司开发的一个较有影响力的组态软件。组态王提供了资源管理器式的操作主界面，并且提供了以汉字作为关键字的脚本语言支持。界面操作灵活、方便，易学易用，有较强的通信功能，支持的硬件种类也非常丰富。

8）WebAccess

WebAccess 是研华科技（中国）有限公司近几年开发的一种面向网络监控的组态软件，代表了未来组态软件的发展趋势。

5. McgsPro 组态软件概述

McgsPro 是昆仑通态开发的 MCGS 组态软件的版本之一。McgsPro 组态软件的主要功能如下。

（1）简单灵活的可视化操作界面：采用全中文、可视化的开发界面，符合中国人的使用习惯和要求。

（2）实时性强，有良好的并行处理性能：是真正的 32 位系统，以线程为单位对任务进行分时并行处理。

（3）丰富、生动的多媒体画面：以图像、图符、报表、曲线等多种形式，为操作员及时提供相关信息。

（4）完善的安全机制：提供了良好的安全机制，可以为多个不同级别用户设定不同的操作权限。

（5）强大的网络功能：具有强大的网络通信功能。

（6）多样化的报警功能：提供多种不同的报警方式，具有丰富的报警类型，方便用户进行报警设置。

（7）支持多种硬件设备。

总之，McgsPro 组态软件具有与通用组态软件一样强大的功能，并且操作简单，易学易用。

1.2　McgsPro 组态软件的安装

McgsPro 软件可在昆仑通态产品中心网站（www.mcgs.cn）下载，具体安装步骤如下。

（1）解压之后，运行 Setup 文件。

（2）弹出组态软件安装欢迎界面，如图 1-1 所示，单击"下一步"按钮。

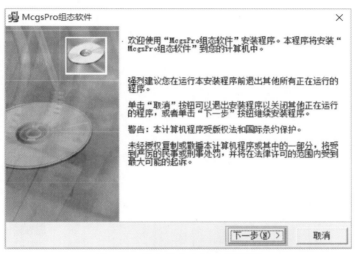

图 1-1　组态软件安装欢迎界面

（3）弹出"自述文件"界面，如图 1-2 所示，单击"下一步"按钮。

图 1-2　"自述文件"界面

（4）弹出"请选择目标目录"界面，如果用户没有指定目标目录，系统默认将软件安装到 D:\McgsPro 目录下，建议使用默认安装目录，如图 1-3 所示，单击"下一步"按钮。

扫码领软件

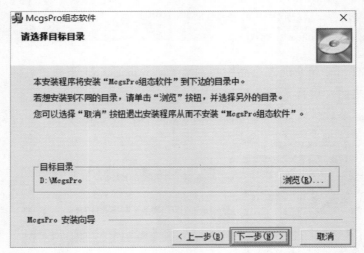

图 1-3 "请选择目标目录"界面

（5）弹出"开始安装"界面，如图 1-4 所示，单击"下一步"按钮。

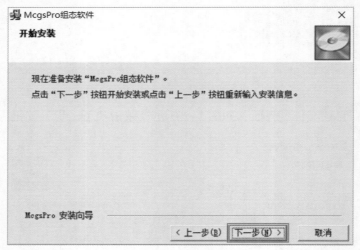

图 1-4 "开始安装"界面

（6）弹出"正在安装"界面，如图 1-5 所示。

图 1-5　"正在安装"界面

（7）弹出组态软件安装完成界面，如图 1-6 所示，单击"完成"按钮。

图 1-6　软件安装完成界面

（8）安装完成后，Windows 操作系统的桌面上添加了"McgsPro 组态软件"和"McgsPro 模拟器"两个快捷方式图标，如图 1-7 所示。

图 1-7　软件图标

1.3 TPC7032Kt 的外部接口

1. TPC7032Kt 外部接口的说明

TPC7032Kt 触摸屏有两个 USB 接口、一个以太网口，以及一个 DB9 串口，如图 1-8 所示。

接　　口	TPC7032Kt
DB9 串口	COM1（RS−232）、COM2（RS−485）
USB 接口	1 主 1 从
以太网口	10/100M 自适应

图 1-8　TPC7032Kt 接口

2. 电源接线

TPC7032Kt 电源接线如图 1−9 所示。

PIN	定义
1	+
2	−

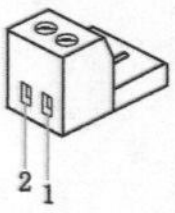

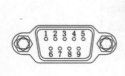

⚠ 仅限24 V DC!
建议电源的输出功率为15 W。

图 1-9　TPC7032Kt 电源接线

建议：采用直径为 1.02 mm（18AWG）的电源线。

3. 串口引脚定义

TPC7032Kt 串口引脚定义如图 1−10 所示。

串口	PIN	引脚定义
COM1	2	RS-232 RXD
	3	RS-232 TXD
	5	GND
COM2	7	RS-485+
	8	RS-485-

图 1-10　TPC7032Kt 串口引脚定义

1.4　McgsPro 组态软件的组成

　　McgsPro 体系结构分为组态环境、模拟运行环境和运行环境三部分。

　　组态环境和模拟运行环境相当于一套完整的工具软件，可以在 PC 上运行。用户可根据实际需要裁减其中内容。它帮助用户设计和构造自己的组态工程并进行功能测试。运行环境是一个独立的运行系统，它按照组态工程中用户指定的方式进行各种处理工作，完成用户组态设计的目标和功能。运行环境本身没有任何意义，必须与组态工程一起作为一个整体，才能构成用户应用系统。一旦组态工作完成，并且将组态好的工程通过制作 U 盘包或以太网下载到下位机的运行环境中，组态工程就可以离开组态环境而独立运行在下位机上，从而实现了控制系统的可靠性、实时性、确定性和安全性。

　　由 McgsPro 生成的用户应用系统称为工作台，由主控窗口、设备窗口、用户窗口、实时数据库和运行策略五个部分构成，如图 1-11 所示。

图 1-11　"工作台"窗口

　　窗口是屏幕中的一块空间，是一个"容器"，直接提供给用户使用。在窗口内，用户可以放置不同的构件，创建图形对象并调整画面的布局，组态配置不同的参数以完成不同的功能。

　　在 McgsPro 中可以有多个用户窗口和多个运行策略，实时数据库中也可以有多个变量。

　　McgsPro 用主控窗口、设备窗口和用户窗口来构成一个应用系统的人机交互图形界面，组态配置各种不同类型和功能的对象或构件，同时可以对实时数据进行可视化处理。

1. 主控窗口

　　主控窗口构建了应用系统的主框架，确定了工业控制中工程作业的总体轮廓，以及运行流程、菜单命令、特性参数和启动特性等内容。

2. 设备窗口

　　设备窗口是 McgsPro 组态软件的重要组成部分。在设备窗口中可建立系统与外部硬件设备的连接关系，使系统能够从外部设备读取数据并控制外部设备的工作状态，实现对工业过程的实时监控。

3. 用户窗口

用户窗口实现了数据和流程的"可视化",其中可以放置三种不同类型的图形对象:图元、图符和动画构件。图元和图符对象为用户提供了一套完善的设计制作图形画面和定义动画的方法。动画构件对应于不同的动画功能,它们是从工程实践经验中总结出的常用的动画显示与操作模块,可供用户直接使用。通过在用户窗口内放置不同的图形对象,搭制多个用户窗口,用户可以构造各种复杂的图形界面,用不同的方式实现数据和流程的"可视化"。

组态工程中的用户窗口最多可定义 1000 个。

4. 实时数据库

实时数据库是 McgsPro 的核心,相当于一个数据处理中心,同时也起到公用数据交换区的作用。McgsPro 使用自建文件系统中的实时数据库来管理所有实时数据。从外部设备采集来的实时数据送入实时数据库,系统其他部分操作的数据也来自实时数据库。实时数据库自动完成对实时数据的报警处理和存盘处理,同时还根据需要把有关信息以事件的方式发送给系统的其他部分,以便触发相关事件,进行实时处理。因此,实时数据库所存储的单元,不单单是变量的数值,还包括变量的特征参数(属性)及对该变量的操作方法(报警属性、报警处理和存盘处理等)。这种将数值、属性、方法封装在一起的数据被称为变量。实时数据库采用面向对象的技术,为其他部分提供服务,实现了系统各个功能部件的数据共享。

5. 运行策略

运行策略是对系统运行流程实现有效控制的手段,是系统提供的一个框架,里面放置了由策略条件构件和策略构件组成的"策略行"。对运行策略的定义,使系统能够按照设定的顺序和条件操作实时数据库,控制用户窗口的打开、关闭并确定设备构件的工作状态等,从而实现对外部设备工作过程的精确控制。

一个应用系统有三个固定的运行策略:启动策略、后台任务和退出策略。启动策略在应用系统开始运行时调用,后台任务由在系统运行过程中后台独立定时循环调用,退出策略在应用系统退出运行时调用。用户策略可供系统中的其他部件调用。McgsPro 最多支持 300 个运行策略。

综上所述,一个应用系统由主控窗口、设备窗口、用户窗口、实时数据库和运行策略五个部分组成。组态工作开始时,系统只为用户搭建了一个能够独立运行的空框架,提供了丰富的动画部件与功能部件。如果要得到一个实际的应用系统,应主要完成以下工作:

首先,要像搭积木一样,在组态环境中用系统提供的或用户扩展的构件构造应用系统,配置各种参数,形成一个有丰富功能、可实际应用的工程;然后,把组态环境中的组态结果下载到运行环境。运行环境和组态结果一起就构成了用户自己的应用系统。

1.5　新建工程、打开工程及保存工程

1. 新建工程

双击电脑桌面上的 McgsPro 组态软件快捷方式，可以打开 McgsPro 组态软件。

选择菜单"文件"→"新建工程"或者单击 按钮，弹出"工程设置"对话框。在"HMI配置"中，选择"TPC7032Kt"，所选择的类型要与实际的触摸屏一致。在"组态配置"中设置网格行高、列宽，最后单击"确定"按钮，如图 1–12 所示。

如果 McgsPro 组态软件安装在 D 盘根目录下，则会在 D:McgsPro\Work\ 目录下自动生成新建工程，默认的工程名为"新建工程 X.MCP"（X 表示新建工程的序号，如 0、1、2 等）。

图 1-12　"工程设置"对话框

2. 打开工程

选择菜单"文件"→"打开工程"或者单击 按钮，弹出"打开"对话框，在路径栏选择文件的路径，在"文件名"栏输入需要打开的文件名，最后单击"打开"按钮，例如打开"新建工程 1"，如图 1–13 所示。

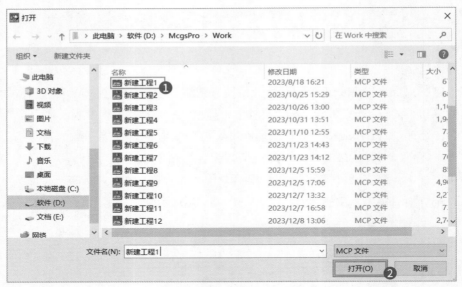

图 1-13 "打开"对话框

3. 保存工程

如果 McgsPro 组态软件安装在 D 盘根目录下,选择菜单"文件"→"保存工程"或者单击■按钮,就会将文件保存在 D:McgsPro\Work 目录下。

选择菜单"文件"→"工程另存为",弹出"另存为"对话框,在路径栏选择保存文件的路径,在"文件名"栏输入需要保存的文件名,例如输入"启保停",最后单击"保存"按钮,如图 1-14 所示。

图 1-14 "另存为"对话框

1.6　用 U 盘下载与上传工程

1. 下载工程

工程完成之后，就可以下载到 TPC 触摸屏中运行。这里我们学习使用 U 盘方式下载工程。

（1）将 U 盘插到电脑上。

（2）电脑识别 U 盘之后，选择菜单"工具"→"下载工程"或点击工具条中的下载按钮（或按 F5），弹出"McgsPro 组态环境"对话框，如图 1-15 所示，点击"是"；弹出"下载配置"窗口，选择"联机"，勾选"支持工程上传"，否则工程上传不了；点击"U 盘包制作"，如图 1-16 所示。

图 1-15　"McgsPro 组态环境"对话框

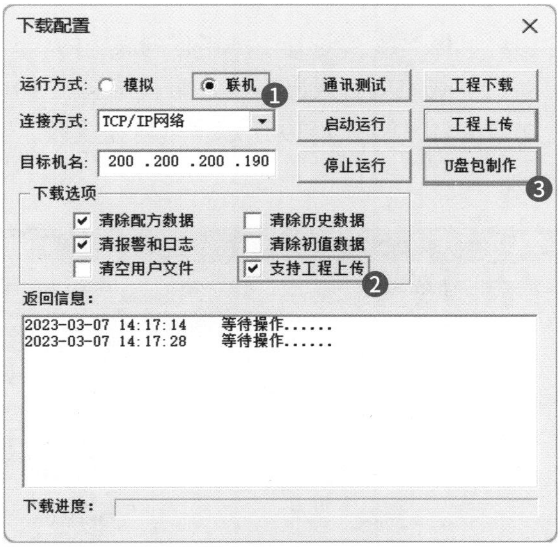

图 1-16　"下载配置"窗口

在弹出的"U 盘功能包内容选择对话框"中，将"功能包名称"改为"下载工程测试"，在"功能包目录"中选择 U 盘的根目录，勾选"升级运行环境"，点击"确定"，在下载配置框下方的返回信息中可以看到相关信息，完成时会弹出如图 1-17 所示制作成功的提示窗口，点击"确定"。

图 1-17　U 盘包制作

在 TPC 触摸屏上插入 U 盘，稍等片刻便会弹出"mcgsTpc U 盘综合功能包 2.8"窗口，点击"是"，即弹出"mcgsTpc U 盘综合功能包"功能选择窗口，如图 1–18 所示。

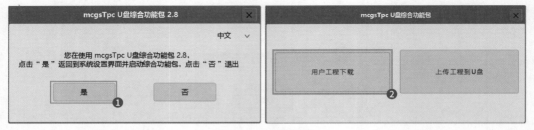

图 1-18　下载工程 1

点击图 1–18 所示"用户工程下载"，选择下载工程列表中的"下载工程测试"，点击"开始下载"即进行工程更新，下载完成后拔出 U 盘，触摸屏会在 10 s 后自动重启，也可以手动选择"重启 TPC"立即重启，如图 1–19 所示。重启完成后，工程就成功更新到触摸屏中了。

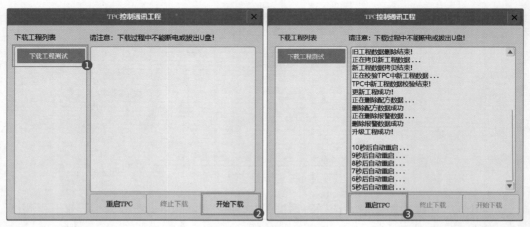

图 1-19　下载工程 2

2. 上传工程

工程完成之后，可把工程项目上传到 U 盘或者个人电脑，进行备份。这里我们学习使用 U 盘方式上传工程。

McgsPro 组态软件支持上传组态工程，但必须确保 TPC 里的工程是可支持上传的，因此在下载工程时或在 U 盘包制作时必须勾选"支持工程上传"选项（见图 1–16），支持上传的功能才有效，否则会上传失败。

使用 U 盘上传工程的步骤如下：在 TPC 上插入 U 盘→弹出"mcgsTpc U 盘综合功能包 2.8"窗口→点击"是"→弹出"mcgsTpc U 盘综合功能包"窗口→点击"上传工程到 U 盘"→弹出"工程上传"窗口→点击"上传"→提示"工程文件已成功上传至 U 盘"→上传成功。

查看 U 盘，在 \tpcbackup\ 目录下的"TPC 上传工程"文件（MCP 文件）即是导出来的工程文件，如图 1–20 所示。

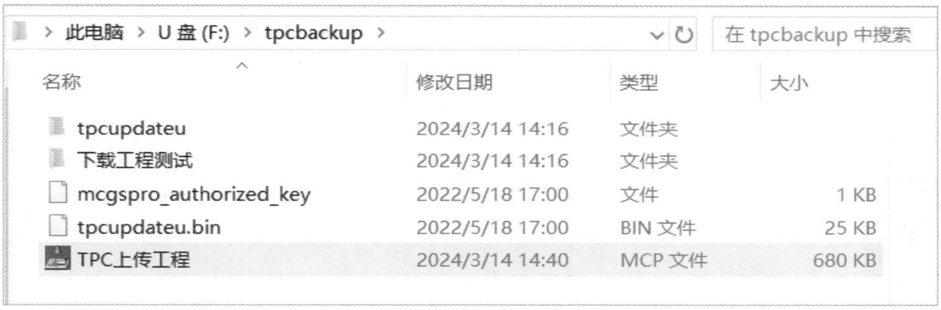

图 1-20　用 U 盘上传工程

1.7　用网线下载与上传工程

1. 下载工程

利用网线下载工程，首先需将电脑与触摸屏用网线连接起来，将电脑的 IP 与触摸屏的 IP 修改到同一个网段。将电脑的 IP 修改为 192.168.2.10，将触摸屏的 IP 修改为 192.168.2.190。

1）触摸屏 IP 设置

触摸屏 IP 查看与修改方法：首先断电，重启触摸屏，触摸屏上出现进度条界面时点击触摸屏，进入选择界面，点击"系统参数设置"，进入"TPC 系统设置"，选择"网络"，即可查看和修改触摸屏 IP。将 IP 改为"192.168.2.190"，将掩码改为"255.255.255.0"，如图 1–21 所示。

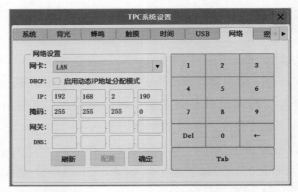

图 1-21　修改触摸屏 IP 地址

2）电脑 IP 设置

首先点击电脑左下角的开始图标，选择"设置"，如图 1-22 所示；然后在弹出的
"Windows 设置"窗口中点击"网络和 Internet"，如图 1-23 所示。

图 1-22　开始图标　　　　　　　　图 1-23　"Windows 设置"窗口

点击"更改适配器选项"，如图 1-24 所示。

图 1-24　点击"更改适配器选项"

点击"以太网　未识别的网络"，如图 1-25 所示。

图 1-25　选择以太网

点击"属性"，选择"Internet 协议版本 4（TCP/IPv4）"，如图 1-26 所示。

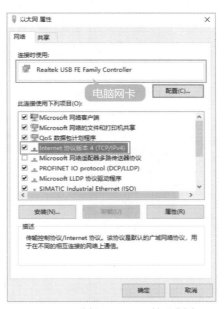

图 1-26　选择 Internet 协议版本

点击"使用下面的 IP 地址"，将"IP 地址"改为"192.168.2.10"，将"子网掩码"改为"255.255.255.0"，点击"确定"，如图 1-27 所示。

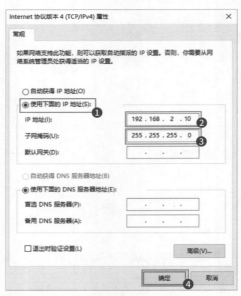

图 1-27 修改电脑 IP 地址

3）下载工程

电脑和触摸屏的 IP 修改完成后，在电脑端打开工程，选择菜单"工具"→"下载工程"或点击工具条中的下载按钮（或按 F5），进入"下载配置"窗口，"运行方式"选择"联机"，"连接方式"选择"TCP/IP 网络"，"目标机名"填写触摸屏的 IP "192.168.2.190"，勾选"支持工程上传"，否则工程上传不了，点击"工程下载"，如图 1-28 所示。等待工程下载。

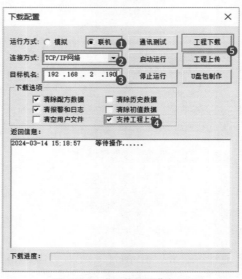

图 1-28 "下载配置"窗口

　　工程下载完成后，点击图 1-29 所示的"启动运行"或者点击触摸屏上的"进入运行环境"，启动触摸屏，运行工程。

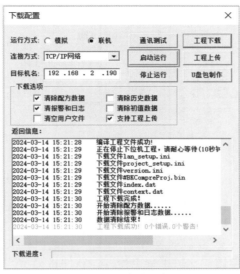

图 1-29　启动运行

2. 上传工程

　　检查电脑 IP 和触摸屏 IP 是否在同一网段。打开 McgsPro 组态软件，选择菜单"工具"→"下载工程"或点击工具条中的下载按钮（或按 F5），打开"下载配置"窗口，如图 1-30 所示，点击"工程上传"按钮，进入"上传工程"界面，如图 1-31 所示。"连接方式"选择"TCP/IP 网络"，"目标地址"填写触摸屏 IP"192.168.2.190"，点击"开始上传"。上传成功后，工程将会保存在"上传选项"指定的目录中。

图 1-30　上传工程 1

图 1-31　上传工程 2

工程上传失败：若未勾选"支持工程上传"，软件将提示"下位机工程不支持上传，工程上传失败"，如图 1-32 所示。

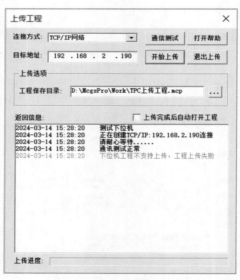

图 1-32　上传失败

第 2 章　MCGS 与 PLC 通信连接

2.1　案例 1：MSGS 与西门子 S7-200 Smart PLC 通信连接

案例要求：

在触摸屏上按下"启动"按钮，则触摸屏上的指示灯亮；按下"停止"按钮，则触摸屏上的指示灯灭。灯和按钮之间通过 PLC 进行通信控制。

扫码领案例源文件

1. 新建工程

双击电脑桌面上的 McgsPro 组态软件快捷方式，可以打开 McgsPro 组态软件。

选择菜单"文件"→"新建工程"，弹出"工程设置"对话框，在"HMI 配置"中，选择"TPC7032Kt"（与所用触摸屏型号一致）。在"组态配置"中设置网格行高、列宽，最后单击"确定"按钮。选择菜单"文件"→"工程另存为"，将工程另存为"西门子 S7-200 Smart PLC 通信"。

在"工作台"中激活"用户窗口"，接下来选择"窗口 0"，单击"窗口属性"，弹出"用户窗口属性设置"对话框，在"基本属性"页，将窗口名称修改为"西门子 200SmartPLC 控制画面"，点击"确认"进行保存，如图 2-1 所示。弹出"McgsPro 组态环境"窗口，点击"确定"。

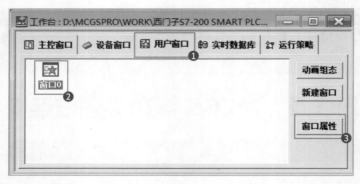

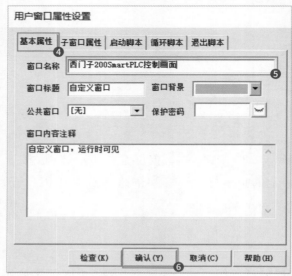

图 2-1　修改窗口名称

2. 标准按钮

在"工作台"中激活"用户窗口"，双击"西门子 200SmartPLC 控制画面"窗口，打开动画组态窗口。

第一步：添加按钮。

选择工具箱 ⊠，从工具箱中单击标准按钮构件 ⌐，在窗口编辑位置按住鼠标左键拖放出一定大小后，松开鼠标左键，这样一个按钮构件就绘制在窗口中，如图 2-2 所示。

图 2-2　添加按钮

第二步：修改按钮文本。

双击该按钮打开"标准按钮构件属性设置"对话框，在"基本属性"页中，将"文本"修改为"启动"，操作步骤如图 2-3 所示。

图 2-3　修改按钮文本

第三步：修改按钮文本大小。

单击图 2-3 中"文本颜色"右侧的字体图标（见图 2-3 中标记❹），打开"字体"设置对话框，设置如图 2-4 所示。

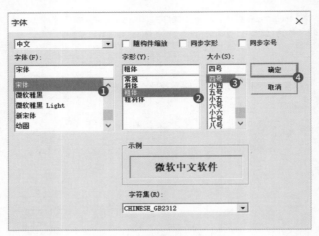

图 2-4　设置按钮文本字体

第四步：修改按钮颜色。

修改文本颜色、边线颜色、填充颜色，操作步骤如图 2-5 所示。

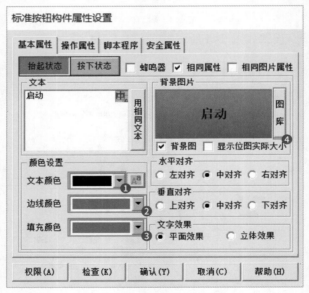

图 2-5　设置按钮颜色

第五步：修改按钮背景图片。

在"基本属性"页中，点击"图库"（见图 2-5 中标记❹），进入"元件图库管理"，"类型"选择"背景图片"中的"操作类"，从操作类找到"标准按钮_拟物_抬起"，最后单击"确定"保存，如图 2-6 所示。

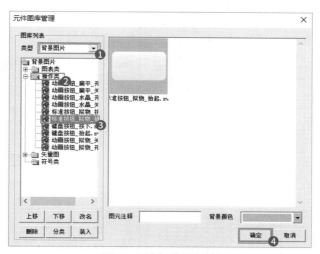

图 2-6　选择背景图片

　　第六步：按照以上步骤，完成后点"确认"，按钮如图 2-7 所示。大家也可以按照个人喜好，自由选择颜色和背景图片。

图 2-7　"启动"按钮

　　第七步："停止"按钮与"启动"按钮类似。选中"启动"按钮，单击鼠标右键，选择"拷贝"或使用快捷键 Ctrl+C，在空白处单击鼠标右键，选择"粘贴"或使用快捷键 Ctrl+V，如图 2-8 所示。

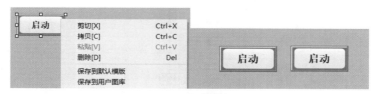

图 2-8　复制按钮

　　双击"启动"按钮，打开"标准按钮构件属性设置"对话框，在"基本属性"页中，将"文本"修改为"停止"，将边线颜色与填充颜色修改为红色，再点击"确认"，如图 2-9 所示。

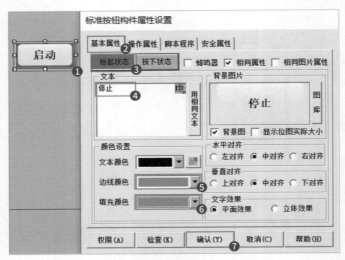

图 2-9　修改文本、颜色

按钮组态完成后，如图 2-10 所示。

图 2-10　按钮组态完成

3. 指示灯

第一步： 插入元件。

点击插入元件构件 🖳，如图 2-11 所示，弹出"元件图库管理"对话框。

图 2-11　插入元件

第二步：选择指示灯图片。

在"元件图库管理"对话框中，"类型"选择"公共图库"，点击"指示灯"文件夹，选择"指示灯 3"，点击"确定"，操作步骤如图 2-12 所示。

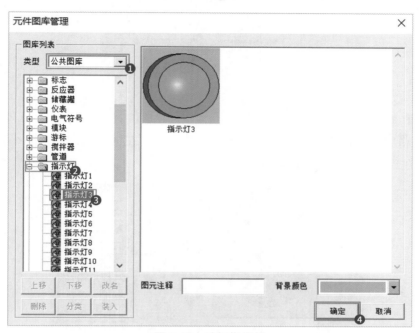

图 2-12　选择指示灯

第三步：按照以上步骤，完成后的指示灯如图 2-13 所示。大家也可以按照个人喜好，自由选择指示灯。

图 2-13　动画组态画面

第四步：调整指示灯的大小。

如图 2-14 所示，选择指示灯，将鼠标放在标记❶处，按住鼠标左键拖动，可以调整指示灯的大小。

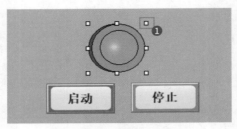

图 2-14 调整指示灯大小

4.标签

第一步：插入标签。

在工具箱中选择标签**A**，在窗口编辑位置按住鼠标左键拖放出一定大小后，松开鼠标左键，操作步骤如图 2-15 所示。

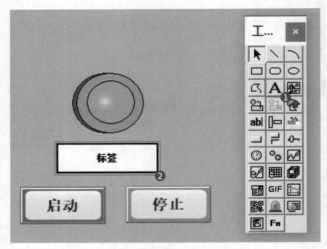

图 2-15　插入标签

第二步：修改标签属性。

双击该标签，弹出"标签动画组态属性设置"对话框，在"属性设置"页中，将"填充颜色"改为"没有填充"，将"边线颜色"改为"没有边线"，将字符大小（见图 2-16 中标记❹）改为"四号"，如图 2-16 所示。

图 2-16　属性设置

　　在"扩展属性"页中，在"文本内容输入"中输入"运行指示"，点击"确认"，如图 2–17 所示。

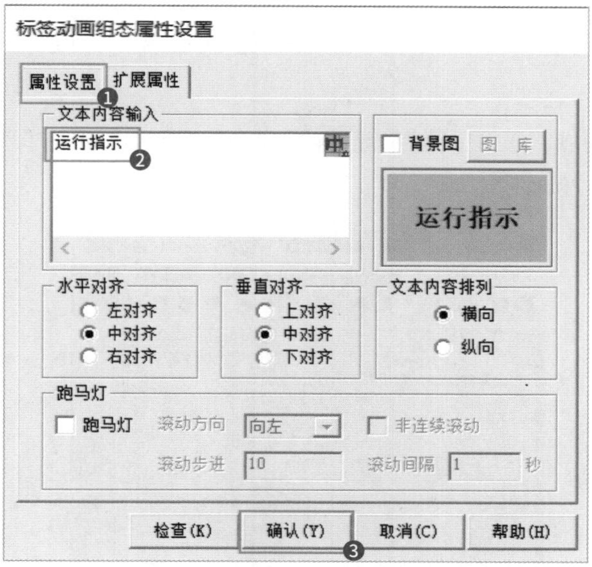

图 2-17　扩展属性设置

　　设置完成后标签效果如图 2–18 所示。

图 2-18　标签效果

按照上述步骤，新建一个标签，将"文本输入内容"改为"1号电机"，如图 2-19 所示。

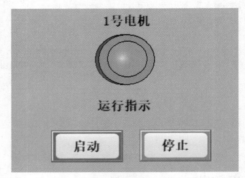

图 2-19　新建标签

5. 按钮构件对齐

在窗口的空白区域，按住鼠标左键不放，框选"启动"和"停止"按钮，选择顶边界对齐工具，如图 2-20 所示。

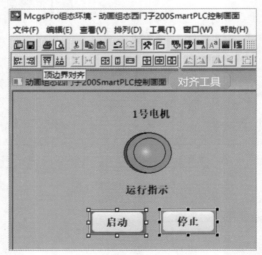

图 2-20　顶边界对齐

6. 设备组态

（1）点击工作台按钮（见图 2-21 标记❶），返回"工作台"窗口。在"工作台"中激活"设备窗口"，鼠标双击图标 进入设备组态画面，点击工具条中的图标 ，打开"设备工具箱"，如图 2-21 所示。

图 2-21　打开"设备工具箱"

（2）在设备工具箱中，按顺序先后双击"通用 TPC/IP 父设备"和"西门子_S7_Smart200_以太网"，添加至设备组态画面，如图 2-22 所示。

图 2-22　添加设备

添加"西门子_S7_Smart 200_以太网"时会弹出窗口,提示是否使用"西门子_S7_Smart 200_以太网"驱动的默认通讯参数设置TCP/IP父设备参数,如图2-23所示,选择"是"。完成后,返回工作台。

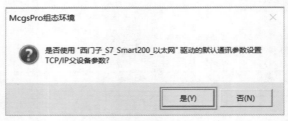

图 2-23　确定添加设备

(3)设置触摸屏的 TCP/IP 地址以及远程 PLC 的 IP 地址。

双击"通用 TCPIP 父设备 0",弹出"通用 TCP/IP 设备属性编辑"对话框,如图 2-24 所示。在"基本属性"页中,"本地 IP 地址"是触摸屏的 IP 地址,设为"192.168.2.190","远程 IP 地址"是 PLC 的 IP 地址,设为"192.168.2.1",IP 地址要与所连硬件设备一致。

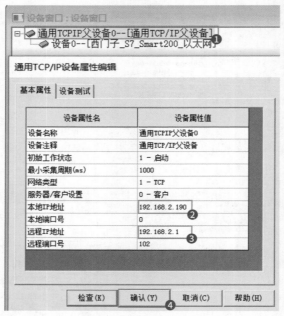

图 2-24　设置 IP 地址

(4)触摸屏硬件 IP 地址设置参考 1.7 节。

7. 动画连接

点击工作台按钮,返回"工作台"窗口,在"工作台"窗口中,激活"用户窗口",双击"西门子 200SmartPLC 控制画面"窗口,进入动画组态界面。

1）按钮

双击"启动"按钮，弹出"标准按钮构件属性设置"对话框，如图 2-25 所示，在"操作属性"页，默认"抬起功能"按钮为按下状态，勾选"数据对象值操作"，选择"按 1 松 0"，单击右侧按钮 ? ，弹出"变量选择"对话框，如图 2-26 所示，选择"根据采集信息生成"，"通道类型"选择"M 内部继电器"，"数据类型"选择"通道的第 00 位"，"通道地址"为"0"，"读写类型"选择"读写"。设置完成后点击"确认"。

图 2-25　"启动"按钮的数据连接

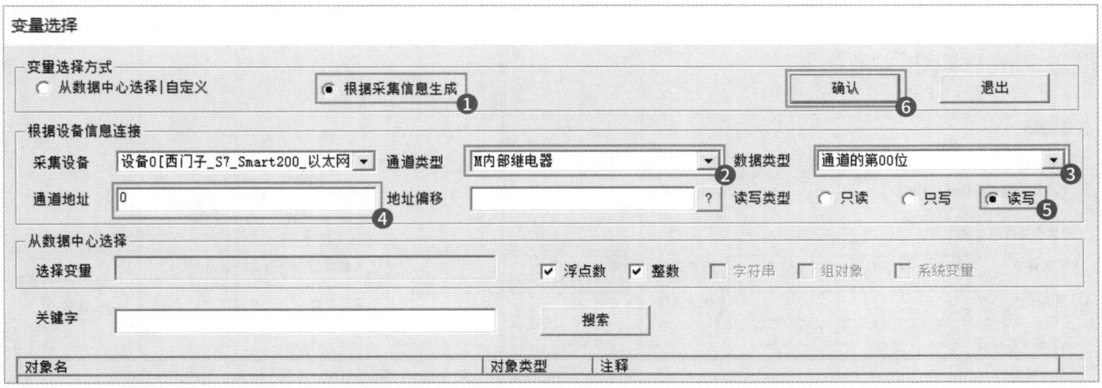

图 2-26　"启动"按钮的"变量选择"对话框

使用同样的方法，对"停止"按钮进行设置。双击"停止"按钮，弹出"标准按钮构件属性设置"对话框，在"操作属性"页，默认"抬起功能"按钮为按下状态，勾选"数据对象值操作"，选择"按 1 松 0"。单击右侧按钮 ? ，弹出"变量选择"对话框，选择"根据采集信息生成"，"通道类型"选择"M 内部继电器"，"数据类型"选择"通道的第 01 位"，"通道地址"为"0"，"读写类型"选择"读写"。设置完成后点击"确认"。

2）指示灯

第一步：设置指示灯单元属性。

双击指示灯，弹出"单元属性设置"对话框，在"变量列表"页，选择"表达式@开关量"，如图 2-27 所示。点击右侧的 ? ，弹出 "变量选择"对话框。

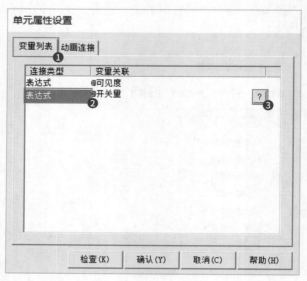

图 2-27　单元属性设置

第二步：设置指示灯单元的数据关联。

如图 2-28 所示，选择"根据采集信息生成"， "通道类型"选择"Q 输出继电器"， "数据类型"选择"通道的第 00 位"， "通道地址"为"0"， "读写类型"选择"读写"。设置完成后点击"确认"。

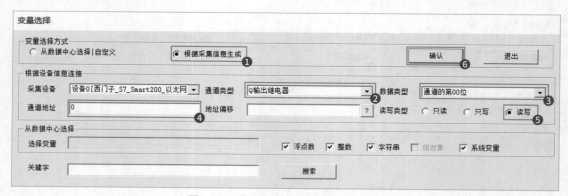

图 2-28　指示灯的"变量选择"对话框

8. 在线调试

第一步：核对 TPC 与 PLC 变量的对应关系，如表 2-1 所示。

表 2-1　TPC 与 PLC 变量的对应关系

TPC 变量	启动按钮	停止按钮	指示灯
PLC 变量	M0.0	M0.1	Q0.0

第二步：编写 PLC 程序，如图 2-29 所示。

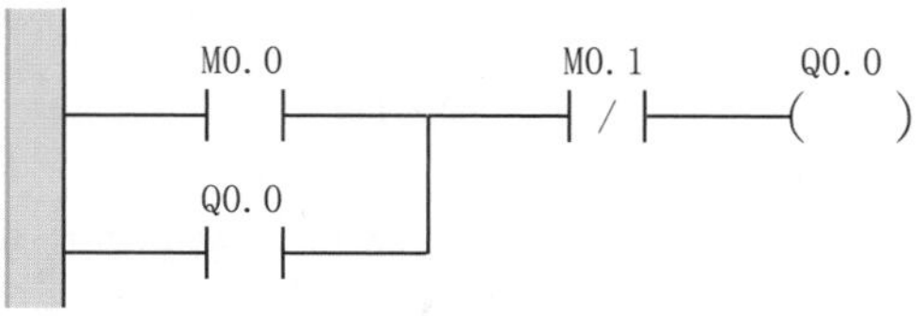

图 2-29　PLC 程序

第三步：PLC 程序下载及模拟运行。

在下载程序之前，必须先保障 S7–200 Smart 的 CPU 和电脑之间能正常通信。设备能实现正常通信的前提：

①设备之间进行了物理连接。若单台 S7–200 Smart PLC 与电脑连接，只需要 1 条普通的以太网线；若多个 S7–200 Smart PLC 与电脑连接，还需要交换机。

②设备进行了正确的通信设置。将电脑 IP 地址设为 192.168.2.10，电脑 IP 地址的设置参考 1.7 节。

（1）通信设置。

① CPU 的 IP 地址查找。双击项目树或导航栏中的通信按钮，打开"通信"对话框，如图 2-30 所示。点击"网络接口卡"后边的▾，会出现下拉菜单，选择自己电脑的网卡；电脑网卡的查看参考 1.7 节。之后点击左下角"查找 CPU"按钮，CPU 的地址会被搜出来，S7–200 Smart PLC 默认地址为"192.168.2.1"；点击"闪烁指示灯"按钮，硬件中的STOP、RUN 和 ERROR 指示灯会同时闪烁，再点击一下该按钮，闪烁停止，这样做的目的是当有多个 CPU 时，便于找到你所选择的那个 CPU。

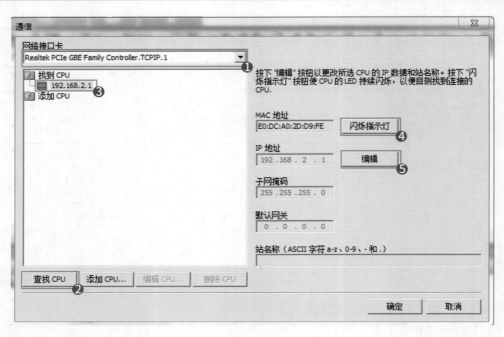

图 2-30　CPU 的 IP 地址查找

　　点击"编辑"按钮，可以改变 IP 地址。单击"编辑"后按钮文本会转换为"设置"，将 IP 地址改为"192.168.2.1"，点击"设置"，设置完成后，点击"确定"，如图 2–31 所示。

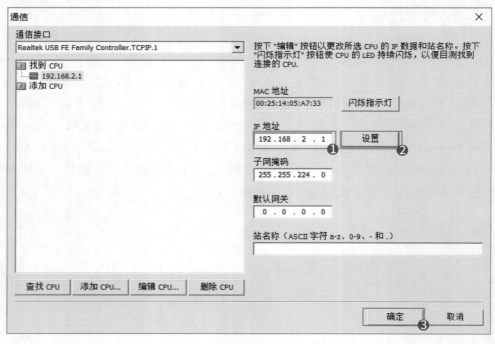

图 2-31　修改 PLC 的 IP 地址

（2）程序下载。

单击程序编辑器中工具栏上的下载按钮，会弹出"下载"对话框，如图 2-32 所示。用户可以在"块"的多选框中选择是否下载程序块、数据块和系统块，如选择则在其前面勾选；可以在"选项"多选框中选择下载前从 RUN 切换到 STOP 模式、下载后从 STOP 模式切换到 RUN 模式时是否提示，以及下载成功后是否自动关闭对话框。单击"下载"按钮，下载完成后关闭下载窗口。

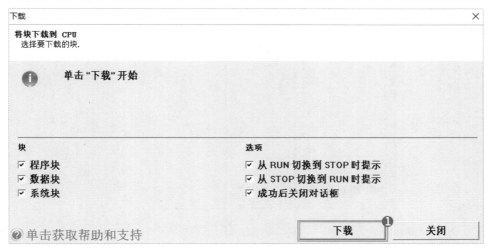

图 2-32　"下载"对话框

如需运行下载到 PLC 中的程序，单击工具栏中的运行按钮；如需停止运行，单击工具栏中的停止按钮；单击程序状态按钮可以查看程序状态，如图 2-33 所示。

图 2-33　远程运行与停止

（3）模拟运行。

在 McgsPro 组态环境软件中，选择菜单"工具"→"下载工程"或点击工具条中的下载按钮（或按 F5），进入"下载配置"窗口，"运行方式"选择"模拟"，点击"工程下载"，等待工程下载，如图 2-34 所示。

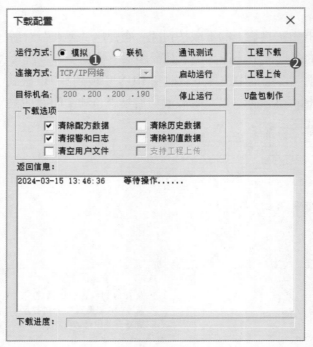

图 2-34 "下载配置"窗口

工程下载完成后，点击"启动运行"，启动触摸屏，运行工程，如图 2-35 所示。

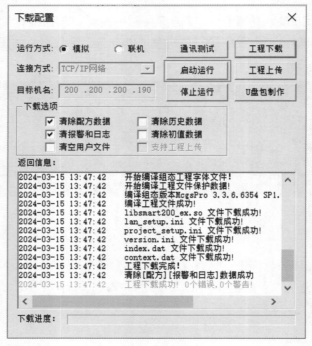

图 2-35 启动运行

测试功能是否正常。

①按下"启动"按钮，指示灯点亮，如图 2-36 所示。

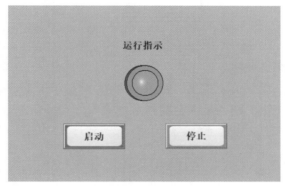

图 2-36　模拟画面 1

②按下"停止"按钮，指示灯熄灭，如图 2-37 所示。

图 2-37　模拟画面 2

（4）触摸屏程序下载。

将触摸屏与电脑用网线连接，将工程下载到触摸屏，参考 1.7 节。

（5）触摸屏与 PLC 连接。

触摸屏与 PLC 连接如图 2-38 所示。

图 2-38　触摸屏与 PLC 连接

2.2　案例 2：MCGS 与西门子 S7-1200 PLC 通信连接

扫码领案例源文件

案例要求：

在触摸屏上按下"启动"按钮，则触摸屏上的指示灯亮；按下"停止"按钮，则触摸屏上的指示灯灭。灯和按钮之间通过 PLC 进行通信控制。

1. 新建工程

双击电脑桌面上的 McgsPro 组态软件快捷方式，可以打开 McgsPro 组态软件。

选择菜单"文件"→"新建工程"，弹出"工程设置"对话框，在"HMI 配置"中，选择"TPC7032Kt"（与所用触摸屏型号一致），在"组态配置"中设置网格行高、列宽，最后单击"确定"按钮。选择菜单"文件"→"工程另存为"，将工程另存为"西门子 S7-1200 PLC 通信"。

在"工作台"中激活"用户窗口"，接下来选择"窗口 0"，单击"窗口属性"，弹出"用户窗口属性设置"对话框，在"基本属性"页，将窗口名称修改为"西门子 1200PLC 控制画面"，点击"确认"进行保存。弹出"McgsPro 组态环境"窗口，点击"确定"。

2. 标准按钮

在"工作台"中激活"用户窗口"，双击"西门子 1200PLC 控制画面"窗口，打开动画组态窗口。

第一步：添加按钮。

选择工具箱，从工具箱中单击标准按钮构件，在窗口编辑位置按住鼠标左键拖放出一定大小后，松开鼠标左键，这样一个按钮构件就绘制在窗口中。

第二步：修改按钮文本。

双击该按钮打开"标准按钮构件属性设置"对话框，在"基本属性"页中，将"文本"修改为"启动"。

第三步：修改按钮文本大小，将大小改为"四号"。

第四步：修改按钮颜色，将文本颜色改为黑色，将边线颜色改为绿色，将填充颜色改为绿色。

第五步：修改按钮背景图片。

在"基本属性"页中，点击"图库"，进入"元件图库管理"，"类型"选择"背景图片"中的"操作类"，从操作类找到"标准按钮_拟物_抬起"，最后单击"确定"保存。

第六步：按照以上步骤，完成后点击"确认"。大家也可以按照个人喜好，自由选择颜色和背景图片。

第七步：停止按钮与启动按钮类似。选中"启动"按钮，单击鼠标右键，选择"拷贝"或使用快捷键 Ctrl+C，在空白处单击鼠标右键，选择"粘贴"或使用快捷键 Ctrl+V。

双击"启动"按钮，打开"标准按钮构件属性"对话框，在"基本属性"页中，将"文本"修改为"停止"，将边线颜色与填充颜色修改为红色，再点击"确认"。

按钮效果如图 2-39 所示。

图 2-39　按钮效果

3. 指示灯

第一步：插入元件。

点击插入元件构件，弹出"元件图库管理"对话框。

第二步：选择指示灯背景图片。

在"元件图库管理"对话框中，"类型"选择"公共图库"，点击"指示灯"文件夹，选择"指示灯 3"，点击"确定"。

第三步：按照以上步骤，完成后的指示灯如图 2-40 所示。大家也可以按照个人喜好，自由选择指示灯。

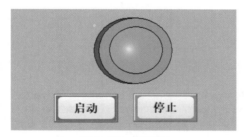

图 2-40　指示灯

第四步：调整指示灯的大小。

如图 2-41 所示，选择指示灯，将鼠标放在标记❶处，按住鼠标左键拖动，可以调整指示灯的大小。

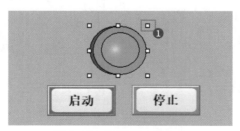

图 2-41　调整指示灯大小

4. 标签

第一步：插入标签。

在工具箱中选择标签 **A**，在窗口编辑位置按住鼠标左键拖放出一定大小后，松开鼠标左键。

第二步：修改标签属性。

双击该标签，弹出"标签动画组态属性设置"对话框，在"属性设置"页中，将"填充颜色"改为"没有填充"，将"边线颜色"改为"没有边线"，将字符大小改为"四号"。

在"扩展属性"页中，在"文本内容输入"中输入"运行指示"，点击"确认"。

按照上述步骤，新建一个标签，将"文本输入内容"改为"1号电机"，如图 2-42 所示。

图 2-42　新建标签

5. 按钮构件对齐

在窗口的空白区域，按住鼠标左键不放，框选"启动"和"停止"按钮，选择顶边界对齐工具，将启动按钮和停止按钮的顶边界对齐，如图 2-43 所示。

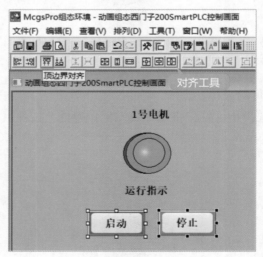

图 2-43　按钮构件顶边界对齐

6. 设备组态

（1）点击工作台按钮，返回"工作台"窗口。在"工作台"中激活"设备窗口"，鼠标双击图标 进入设备组态画面，点击工具条中的图标 ✗，打开"设备工具箱"，如图 2-44 所示。

图 2-44　打开"设备工具箱"

（2）在设备工具箱中，按顺序先后双击"通用 TCP/IP 父设备"和"Siemens_1200"，添加至设备组态画面，如图 2-45 所示。

图 2-45　添加设备

添加"Siemens_1200"时会弹出窗口，提示是否使用"Siemens_1200"驱动的默认通讯参数设置 TCP/IP 父设备参数，如图 2-46 所示，选择"是"。完成后，返回工作台。

（3）设置触摸屏的 TCP/IP 地址以及远程 PLC 的 IP 地址。

双击"通用 TCPIP 父设备 0"，弹出"通用 TCP/IP 设备属性编辑"对话框，如图 2-47 所示。在"基本属性"页中，"本地 IP 地址"是触摸屏的 IP 地址，设为"192.168.2.190"，"远程 IP 地址"是 PLC 的 IP 地址，设为"192.168.2.1"，IP 地址要与所连硬件设备一致。

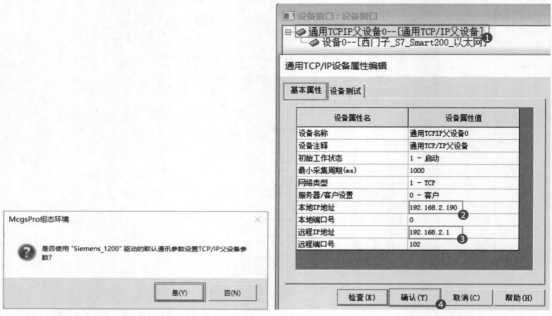

图 2-46　确定添加设备　　　　　　　　　　图 2-47　设置 IP 地址

（4）触摸屏硬件 IP 地址设置参考 1.7 节。

7. 动画连接

点击工作台按钮，返回"工作台"窗口，在"工作台"窗口中，激活"用户窗口"，双击"西门子 1200PLC 控制画面"窗口，进入动画组态界面。

1）按钮

双击"启动"按钮，弹出"标准按钮构件属性设置"对话框，如图 2-48 所示，在"操作属性"页，默认"抬起功能"按钮为按下状态，勾选"数据对象值操作"，选择"按 1 松 0"。单击右侧按钮 ? ，弹出"变量选择"对话框，如图 2-49 所示，选择"根据采集信息生成"，"通道类型"选择"M 内部继电器"，"数据类型"选择"通道的第 00 位"，"通道地址"为"0"，"读写类型"选择"读写"。设置完成后点击"确认"。

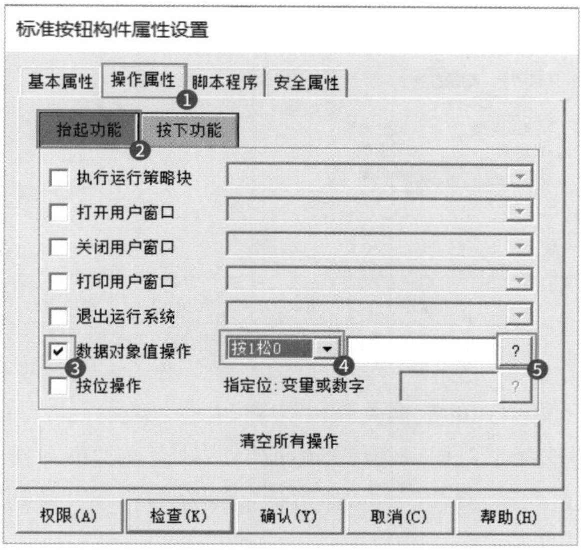

图 2-48　"启动"按钮的数据连接

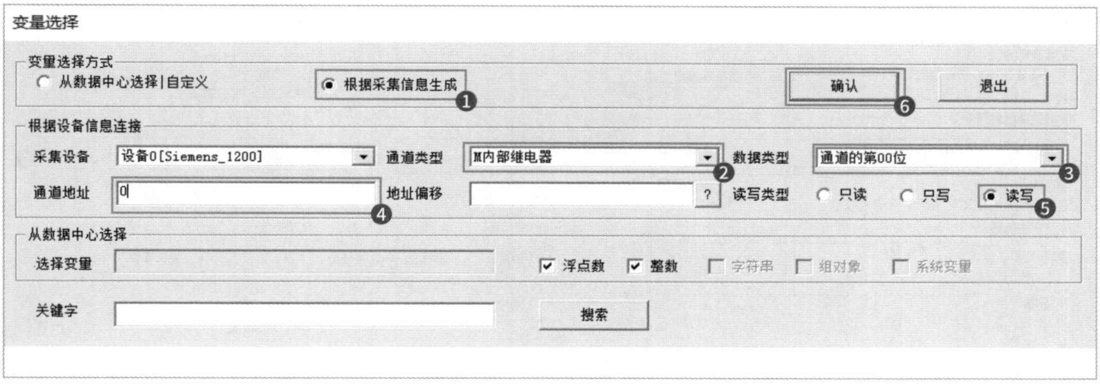

图 2-49　"启动"按钮的"变量选择"对话框

使用同样的方法，对"停止"按钮进行设置。双击"停止"按钮，弹出"标准按钮构件属性设置"对话框，在"操作属性"页，默认"抬起功能"按钮为按下状态，勾选"数据对象值操作"，选择"按 1 松 0"。单击右侧按钮 ？ ，弹出"变量选择"对话框，选择"根据采集信息生成"，"通道类型"选择"M 内部继电器"，"数据类型"选择"通道的第01 位"，"通道地址"为"0"，"读写类型"选择"读写"。设置完成后点击"确认"。

2）指示灯

第一步：设置指示灯单元属性。

双击指示灯，弹出"单元属性设置"对话框，在"变量列表"页，选择"表达式 @ 开关量"，如图 2-50 所示。点击右侧的 ？ ，弹出"变量选择"对话框。

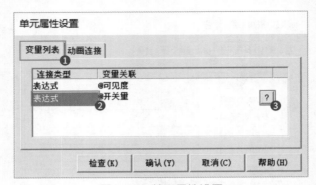

图 2-50 单元属性设置

第二步：设置指示灯单元的数据关联。

如图 2-51 所示，选择"根据采集信息生成"，"通道类型"选择"Q 输出继电器"，"数据类型"选择"通道的第 00 位"，"通道地址"为"0"，"读写类型"选择"读写"。设置完成后点击"确认"。

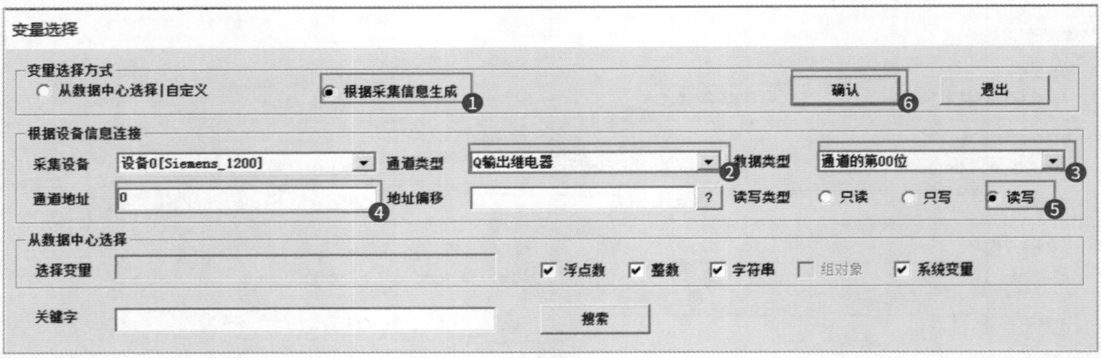

图 2-51 指示灯的"变量选择"对话框

8. 在线调试

第一步：核对 TPC 与 PLC 变量的对应关系，如表 2-2 所示。

表 2-2 TPC 与 PLC 变量的对应关系

TPC 变量	启动按钮	停止按钮	指示灯
PLC 变量	M0.0	M0.1	Q0.0

第二步：编写 PLC 程序，如图 2-52 所示。

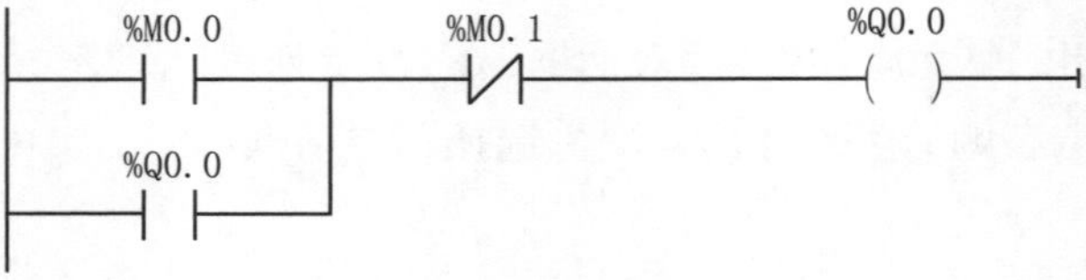

图 2-52 PLC 程序

第三步：PLC 程序下载及模拟运行。

（1）通信设置。

在下载程序之前，必须先保障 S7-1200 PLC 的 CPU 和电脑之间能正常通信。设备能实现正常通信的前提：

①设备之间进行了物理连接。若单台 S7-1200 PLC 与电脑连接，只需要 1 条普通的以太网线；若多个 S7-1200 PLC 与电脑连接，还需要交换机。

②设备进行了正确的通信设置。将电脑 IP 地址设为 192.168.2.10，参考 1.7 节。

（2）下载。

在设备窗口中，将以太网地址改为"192.168.2.1"，如图 2-53 所示。

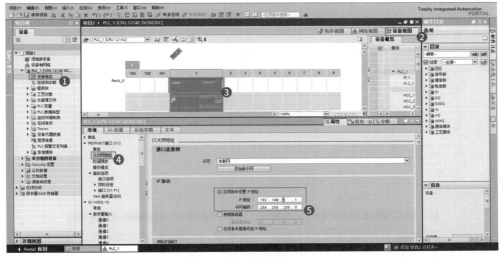

图 2-53　以太网地址设置

在"防护与安全"选项卡中，选择"连接机制"，勾选"允许来自远程对象的 PUT/GET 通信访问"，如图 2-54 所示。

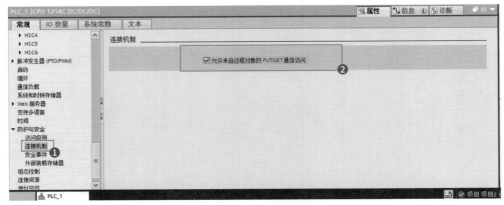

图 2-54　连接机制设置

在项目视图中，如图 2-55 所示，单击下载到设备按钮🔽，弹出如图 2-56 所示的界面，选择"PG/PC 接口的类型"为"PN/IE"，当插网线时选择"PG/PC 接口"为"Intel(R) Ether-net…"，当插 USB 接口时选择"PG/PC 接口"为"Realtek USB FE Family…"。"PG/PC 接口"是网卡的型号，不同的电脑可能不同，此外，初学者容易选择无线网卡，也容易造成通信失败。单击"开始搜索"按钮，TIA 博途软件开始搜索可以连接的设备。

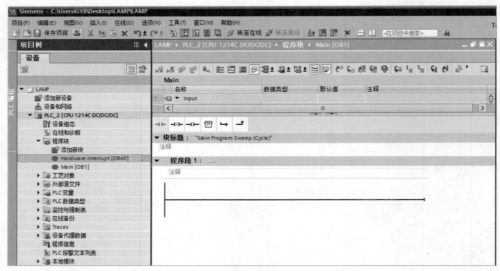

图 2-55　下载(1)

图 2-56　下载(2)

搜索到设备后显示如图 2-57 所示的界面，单击"下载"按钮，弹出如图 2-58 所示的界面。

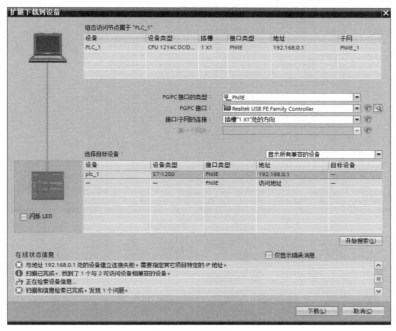

图 2-57　下载（3）

图 2-58　下载预览

把第一个动作选项修改为"全部停止"，单击"装载"按钮，弹出如图 2-59 所示的界面，单击"完成"按钮，下载完成。

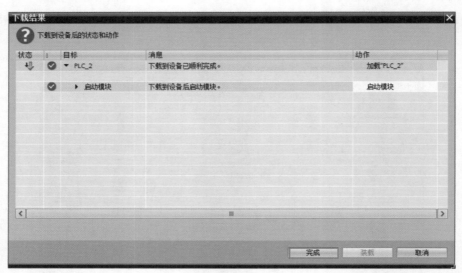

图 2-59 下载结果

（3）模拟运行。

在 McgsPro 组态环境软件中，选择菜单"工具"→"下载工程"或点击工具条中的下载按钮（或按 F5），进入"下载配置"窗口，"运行方式"选择"模拟"，点击"工程下载"，等待工程下载。

工程下载完成后，点击"启动运行"，启动触摸屏，运行工程。

测试功能是否正常。模拟画面参考 2.1 节案例 1。

（4）触摸屏程序下载。

将触摸屏与电脑用网线连接，将工程下载到触摸屏，参考 1.7 节。

（5）触摸屏与 PLC 连接。

触摸屏与 PLC 连接如图 2-60 所示。

图 2-60　触摸屏与 PLC 连接

2.3　案例 3：MCGS 与三菱 FX3u PLC 通信连接

扫码领案例源文件

案例要求：

在触摸屏上按下"启动"按钮，则触摸屏上的指示灯亮；按下"停止"按钮，则触摸屏上的指示灯灭。灯和按钮之间通过 PLC 进行通信控制。

1. 新建工程

双击电脑桌面上的 McgsPro 组态软件快捷方式 ，可以打开 McgsPro 组态软件。

选择菜单"文件"→"新建工程"，弹出"工程设置"对话框，在"HMI 配置"中，选择"TPC7032Kt"（与所用触摸屏型号一致），在"组态配置"中设置网格行高、列宽，最后单击"确定"按钮。选择菜单"文件"→"工程另存为"，将工程另存为"三菱 FX3u PLC 通信"。

在"工作台"中激活"用户窗口"，接下来选择"窗口 0"，单击"窗口属性"，弹出"用户窗口属性设置"对话框，在"基本属性"页，将窗口名称修改为"三菱 FX3uPLC 控制画面"，点击"确认"进行保存。弹出"McgsPro 组态环境"窗口，点击"确定"。

2. 标准按钮

在"工作台"中激活"用户窗口"，双击"三菱 FX3uPLC 控制画面"窗口，打开动画组态窗口。

第一步： 添加按钮。

选择工具箱，从工具箱中单击标准按钮构件，在窗口编辑位置按住鼠标左键拖放出一定大小后，松开鼠标左键，这样一个按钮构件就绘制在窗口中了。

第二步： 修改按钮文本。

双击该按钮打开"标准按钮构件属性设置"对话框，在"基本属性"页中，将"文本"修改为"启动"。

第三步： 修改按钮文本大小，将大小改为"四号"。

第四步： 修改按钮颜色，将文本颜色改为黑色，将边线颜色改为绿色，将填充颜色改为绿色。

第五步： 修改按钮背景图片。

在"基本属性"页中，点击"图库"，进入"元件图库管理"，"类型"选择"背景图片"中的"操作类"，从操作类找到"标准按钮_拟物_抬起"，最后单击"确定"保存。

第六步： 按照以上步骤，完成后点击"确认"。大家也可以按照个人喜好，自由选择颜色和背景图片。

第七步：停止按钮与启动类似。选中"启动"按钮，单击鼠标右键，选择"拷贝"或使用快捷键Ctrl+C，在空白处单击鼠标右键，选择"粘贴"或使用快捷键Ctrl+V。

双击"启动"按钮，打开"标准按钮构件属性设置"对话框，在"基本属性"页中，将"文本"修改为"停止"，将边线颜色与填充颜色修改为红色，再点击"确认"。

按钮效果如图2-61所示。

图2-61　按钮效果

3. 指示灯

第一步：插入元件。

点击插入元件构件，弹出"元件图库管理"对话框。

第二步：选择指示灯背景图片。

在"元件图库管理"对话框中，"类型"选择"公共图库"，点击"指示灯"文件夹，选择"指示灯3"，点击"确定"。

第三步：按照以上步骤，完成后的指示灯如图2-62所示。大家也可以按照个人喜好，自由选择指示灯。

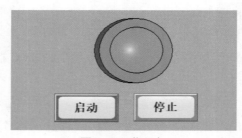

图2-62　指示灯

第四步：调整指示灯的大小。

如图2-63所示，选择指示灯，将鼠标放在标记❶处，按住鼠标左键拖动，可以调整指示灯的大小。

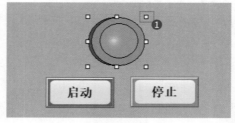

图2-63 调整指示灯大小

4. 标签

第一步： 插入标签。

在工具箱中选择标签 **A**，在窗口编辑位置按住鼠标左键拖放出一定大小后，松开鼠标左键。

第二步： 修改标签属性。

双击该标签，弹出"标签动画组态属性设置"对话框，在"属性设置"页中，将"填充颜色"改为"没有填充"，将"边线颜色"改为"没有边线"，将字符大小改为"四号"。

在"扩展属性"页中，在"文本内容输入"中输入"运行指示"，点击"确认"。

按照上述步骤，新建一个标签，将"文本输入内容"改为"1 号电机"，如图 2-64 所示。

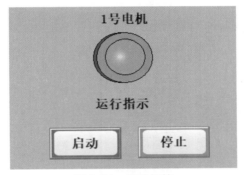

图 2-64　新建标签

5. 按钮构件对齐

在窗口的空白区域，按住鼠标左键不放，框选"启动"和"停止"按钮，选择顶边界对齐工具，将启动按钮和停止按钮的顶边界对齐，如图 2-65 所示。

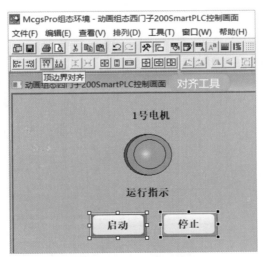

图 2-65　按钮构件顶边界对齐

6. 设备组态

（1）点击工作台按钮，返回"工作台"窗口。在"工作台"中激活"设备窗口"，鼠标双击图标 进入设备组态画面，点击工具条中的图标 ，打开"设备工具箱"，如图 2-66 所示。

图 2-66　打开"设备工具箱"

（2）在设备工具箱中，按顺序先后双击"通用串口父设备"和"三菱 _FX 系列 _ 编程口"，添加至设备组态画面，如图 2-67 所示。

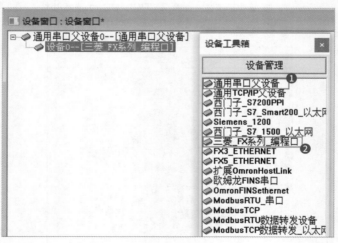

图 2-67　添加设备

　　添加"三菱 _FX 系列 _ 编程口"时会弹出窗口，提示是否使用"三菱 _FX 系列 _ 编程口"驱动的默认通讯参数设置串口父设备参数，如图 2-68 所示，选择"是"。完成后，返回工作台。

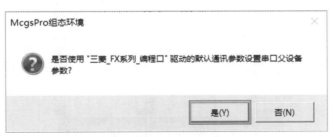

图 2-68　确定添加设备

　　再双击"设备 0--[三菱 _FX 系列 _ 编程口]"，弹出设备编辑对话框，选择 PLC 的CPU 类型，如图 2-69 所示。之后单击"确认"按钮。

设备属性名	设备属性值
采集优化	1-优化
设备名称	设备0
设备注释	三菱_FX系列_编程口
初始工作状态	1 - 启动
最小采集周期(ms)	100
设备地址	0
通讯等待时间	200
快速采集次数	0
CPU类型	4 - FX3UCPU
字符串编码	0 - ASCII
字符串解码顺序	1 - 12
通讯间隔时间	0

图 2-69　选择 CPU 类型

　　（3）设置触摸屏串口端口号。

　　双击"通用串口父设备 0"，弹出"通用串口设备属性编辑"对话框，将串口端口号改为"COM1"，如图 2-70 所示。

图 2-70　串口端口号设置

7. 动画连接

点击工作台按钮，返回"工作台"窗口，在"工作台"窗口中，激活"用户窗口"，双击"三菱 FX3uPLC 控制画面"窗口，进入动画组态界面。

1）按钮

双击"启动"按钮，弹出"标准按钮构件属性设置"对话框，如图 2-71 所示，在"操作属性"页，默认"抬起功能"按钮为按下状态，勾选"数据对象值操作"，选择"按 1 松 0"。单击右侧按钮 ? ，弹出"变量选择"对话框，如图 2-72 所示，选择"根据采集信息生成"，"通道类型"选择"M 辅助寄存器"，"通道地址"为"0"，"读写类型"选择"读写"。设置完成后点击"确认"。

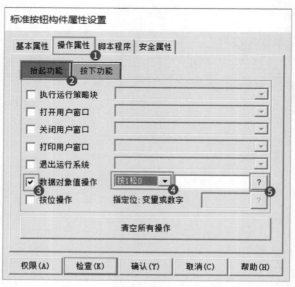

图 2-71　"启动"按钮的数据连接

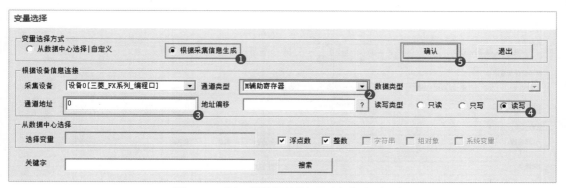

图 2-72　"启动"按钮的"变量选择"对话框

使用同样的方法，对"停止"按钮进行设置。双击"停止"按钮，弹出"标准按钮构件属性设置"对话框，在"操作属性"页，默认"抬起功能"按钮为按下状态，勾选"数据对象值操作"，选择"按 1 松 0"。单击右侧按钮 ? ，弹出"变量选择"对话框，选择"根据采集信息生成"，"通道类型"选择"M 辅助寄存器"，"通道地址"为"1"，"读写类型"选择"读写"。设置完成后点击"确认"。

2）指示灯

第一步：设置指示灯单元属性。

双击指示灯，弹出"单元属性设置"对话框，在"变量列表"页，选择"表达式@开关量"，如图 2-73 所示。点击右侧的 ? ，弹出"变量选择"对话框。

图 2-73　单元属性设置

第二步：设置指示灯单元的数据关联。

如图 2-74 所示，选择"根据采集信息生成"，"通道类型"选择"Y 输出寄存器"，"通道地址"为"0"，"读写类型"选择"读写"。设置完成后点击"确认"。

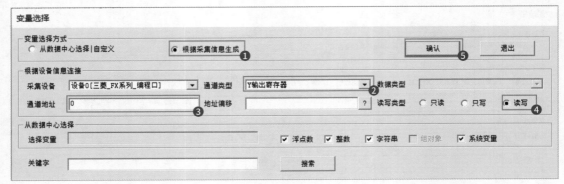

图 2-74　指示灯的"变量选择"对话框

8. 在线调试

第一步：核对 TPC 与 PLC 变量的对应关系，如表 2-3 所示。

表 2-3　TPC 与 PLC 变量的对应关系

TPC 变量	启动按钮	停止按钮	指示灯
PLC 变量	M0	M1	Y0

第二步：编写 PLC 程序，如图 2-75 所示。

图 2-75　PLC 程序

第三步：PLC 程序下载。

（1）保障正常通信。

在写入程序之前，必须先保障 FX 系列 PLC 和计算机之间能正常通信。设备能实现正常通信的前提有以下两点。

①设备之间进行了物理连接。若单台 FX 系列 PLC 与计算机连接，只需要 1 条通信电缆。

PLC 与计算机连接需要用到通信电缆。如图 2-76 所示，常用通信电缆有两种：一种是 FX-232AWC-H（简称 SC09）电缆，该电缆含有 RS-232C/RS-422 转换器；另一种是 FX-USB-AW（又称 USB-SC09-FX）电缆，该电缆含有 USB/RS-422 转换器。

FX-232AWC-H电缆　　　　　　　FX-USB-AW电缆

图 2-76　通信电缆

　　在选用 PLC 通信电缆时，先查看计算机是否具有 COM 接口（又称 RS-232C 接口），因为现在很多计算机已经取消了这种接口。如果计算机有 COM 接口，可选用 FX-232AWC–H 电缆连接 PLC 和计算机。在连接时，将电缆的 COM 头插入计算机的 COM 接口，电缆另一端圆形插头插入 PLC 的编程口内。

　　如果计算机没有 COM 接口，可选用 FX–USB–AW 电缆将计算机与 PLC 连接起来。在连接时，将电缆的 USB 头插入计算机的 USB 接口，电缆另一端圆形插头插入 PLC 的编程口内。将 FX–USB–AW 电缆插到计算机 USB 接口时，还需要在计算机中安装这条电缆配带的驱动程序。驱动程序安装完成后，在计算机桌面上选中"我的计算机"，单击鼠标右键，在弹出的菜单中选择"设备管理器"，弹出设备管理器窗口，如图 2-77 所示，展开其中的"端口（COM 和 LPT）"，可以看到一个虚拟的 COM 端口，图中为 COM1，记住该编号，在 GX Works2 软件中进行通信参数设置时要用到。

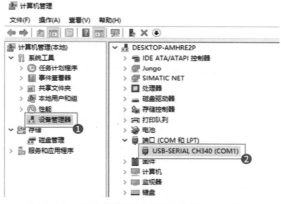

图 2-77　安装驱动后出现的虚拟 COM 端口

　　②设备进行了正确的通信设置。

　　（2）通信设置。

　　用电缆将 PLC 与计算机连接好后，再启动 GX Works2 软件，打开或新建一个工程，再执行"连接目标"→"当前连接目标"，如图 2-78 所示；弹出"连接目标设置"对话框，如图 2-79 所示，双击左上角的"Serial USB"图标，出现详细的设置对话框。在该对话框中选中"RS-232C"，"COM 端口"选择与 PLC 连接的端口号（使用 FX-USB-AW 电缆连接时，端口号应与设备管理器中的虚拟 COM 端口号一致），"传送速度"选择某个速度（如选"115.2kbps"），单击"确定"返回"连接目标设置"对话框。如果想知道 PLC 与计算机是否连接成功，可在"连接目标设置"对话框中单击"通信测试"，若出现图 2-80 所示的连接成功提示，表明 PLC 与计算机已成功连接，单击"确定"即完成通信设置。

图 2-78　连接当前目标

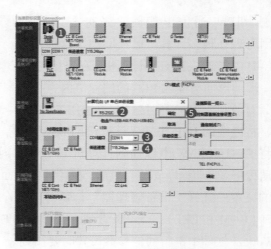

图 2-79　通信设置

图 2-80　PLC 与计算机连接成功提示

（3）程序写入。

单击程序编辑器中工具栏上的写入按钮![按钮]，会弹出"写入"对话框，如图 2-81 所示。单击"参数＋程序"，然后点击"执行"，写入完成后可以用选项框选择下载成功后是否自动关闭对话框。

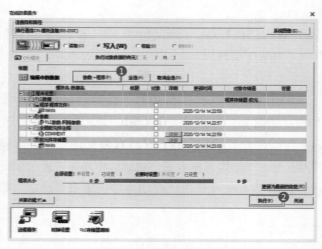

图 2-81　"写入"对话框

（4）触摸屏程序下载。

将触摸屏与计算机用网线连接，将工程下载到触摸屏，参考 1.7 节。

（5）触摸屏与 PLC 连接。

触摸屏与 PLC 连接如图 2-82 所示。

9 针 D 形母头		8 针 Din 圆形公头
SG 屏蔽		SG 屏蔽
2RX	2~5 kΩ 电阻（推荐 3.3 kΩ）	4 TXD+
3TX	2~5 kΩ 电阻（推荐 3.3 kΩ）	1 RXD+
5GND		2 RXD−
		7 TXD−

图 2-82　触摸屏与 PLC 连接

第 3 章　MCGS 动画构建

3.1　常用编辑工具

常用编辑工具如图 3-1 所示。

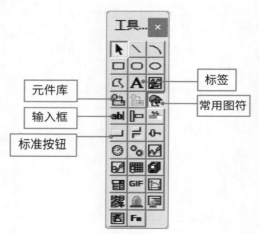

标签

常用图符

元件库

输入框

标准按钮

图 3-1　常用编辑工具

3.1.1　标签功能概述

在 McgsPro 组态软件中，标签构件不仅具有通过添加文本作为标记（tag）的功能，还具有动画连接属性，包括：

（1）颜色动画连接（填充颜色、边线颜色、字符颜色）；

（2）位置动画连接（水平移动、垂直移动、大小变化）；

（3）输入输出连接（显示输出、按钮输入、按钮动作）；

（4）特殊动画连接（可见度、闪烁效果）。

在 McgsPro 组态软件中除了标签构件具有动画连接属性外，基本图元、位图、合成图符同样具有动画连接属性。

标签属于图元对象，可以和其他图元对象构成图符。

3.1.2　组态配置

1. 静态属性

在"标签动画组态属性设置"对话框中可以通过静态属性对标签构件的填充颜色、字符颜色、边线线型进行设置，如图 3-2 所示。

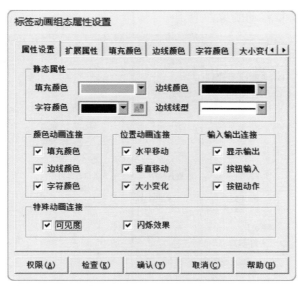

图 3-2　"标签动画组态属性设置"对话框

若配置了"属性设置"→"颜色动画连接"→"填充颜色"选项，此时组态显示设置填充颜色，运行显示颜色动画所属分段点颜色。

若配置了"属性设置"→"颜色动画连接"→"边线颜色"选项，此时组态显示设置边线颜色，运行显示颜色动画所属分段点颜色。

若配置了"属性设置"→"颜色动画连接"→"字符颜色"选项，此时组态显示设置字符颜色，运行显示颜色动画所属分段点颜色。

2. 扩展属性

在"扩展属性"页中，可以在"文本内容输入"框中进行文本编辑，可以设置对齐方式、内容排列方式，可以用位图作为标签背景，同时可以组态跑马灯功能，如图 3-3 所示。

（1）文本内容：文本内容可输入单行文本、多行文本，支持多语言。标签构件在没有组态"属性设置"→"输入输出连接"→"显示输出"时，标签将显示此处设置的文本内容。反之则显示"显示输出"项组态的内容，此时文本内容设置无效。

（2）对齐方式：包括水平对齐（左对齐、中对齐、右对齐）、垂直对齐（上对齐、中对齐、下对齐）。

（3）背景图：目前此功能只能选择使用位图，且只支持 bmp、jpg、png、svg、ico 格式的图片。

（4）文本内容排列：包括横向（从左到右书写方式）、纵向（逆时针旋转90°从下到上书写）。其中纵向排列方式和垂直对齐设置是互斥的且纵向不能设置多行。

（5）跑马灯：跑马灯功能通过每秒移动文本内容位置达到文字滚动效果。其中，"非连续滚动"指定文字滚动到一端完全消失后，间歇"滚动间隔"指定的时间，再进行下一次文字滚动；"滚动方向"指定文字滚动的方向，支持上下左右四个方向滚动；"滚动步进"指定文字滚动时每秒移动的像素值。

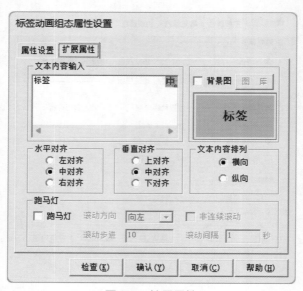

图 3-3　扩展属性

3.1.3　动画连接属性

用户窗口中的图形界面是由系统提供的图元、图符及动画构件等图形对象搭建而成的。动画构件一般作为一个独立的整体使用，具有特定的、比较复杂的动画功能；而图元和图符对象作为基本图形元素，供用户自由组态配置，通过动画连接属性完成动画构件中所没有但十分基础的动画功能。

通过动画连接属性的配置，可以使静止的图形界面"动"起来，真实地描述外界对象的状态变化，达到过程实时监控的目的。McgsPro组态软件实现图形动画设计的主要方法是对用户窗口中的图形对象与变量管理中的变量建立相关性连接，并设置相应的动画属性。这样在系统运行过程中，图形对象的外观和状态特征就会由变量的实时采集结果驱动，从而实现图形的动画效果，使图形界面"动"起来。

所谓动画连接，实际上是对用户窗口内创建的图形对象与变量管理中定义的变量，建立起对应的关系，在不同的数值区间内设置不同的图形状态属性（如颜色、大小、位置移动、可见度、闪烁效果等），将物理对象的特征参数以动画图形方式来描述。这样在系统运行过程中，用变量的值来驱动图形对象的状态改变，进而产生形象逼真的动画效果。动画连接属性包括：

①颜色动画连接（填充颜色、边线颜色、字符颜色）；

②位置动画连接（水平移动、垂直移动、大小变化）；

③输入输出连接（显示输出、按钮输入、按钮动作）；

④特殊动画连接（可见度、闪烁效果）。

一个图元、图符或标签对象可以同时定义多种动画连接，最终的动画效果是多种动画连接方式的组合效果。我们根据实际需要，灵活地对图形对象定义动画连接，就可以呈现出各种逼真的动画效果。

双击标签构件，弹出"标签动画组态属性设置"对话框，如图 3-4 所示。每种动画连接都对应于一个属性窗口页，当选择了某种动画属性时，在对话框上端就增添相应的窗口标签，用鼠标单击窗口标签，即可弹出相应的属性设置窗口。

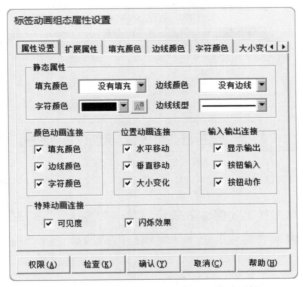

图 3-4 "标签动画组态属性设置"对话框

1. 填充颜色

填充颜色动画连接属性页如图 3-5 所示。其中"表达式"栏可关联一个变量或者一个表达式，用变量的值或表达式的值来决定图形的填充颜色。"填充颜色连接"栏可进行如下操作：

①点击"增加"，增加一个新的分段点；

②点击"删除"，删除指定的分段点；

③用鼠标双击分段点的值，可以设置分段点数值；

④用鼠标双击颜色，弹出色标列表框，可以设定图形对象的填充颜色。

运行时，若变量值或表达式值小于或等于某个分段点值，且大于上一个分段点值，则填充颜色为该分段点对应颜色；当变量值或表达式值大于最大的分段点值时，填充颜色为最大分段点值对应的颜色；当变量值或表达式值小于最小的分段点值时，填充颜色为最小分段点值对应的颜色。图3-5中，当表达式值小于或等于0时填充颜色为绿色，表达式值大于0且小于或等于1时填充颜色为红色，表达式值大于或等于1时填充颜色为红色。

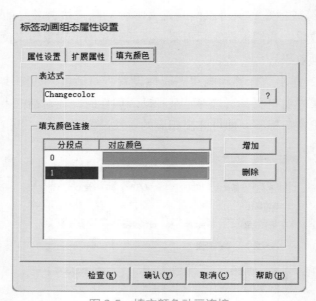

图3-5　填充颜色动画连接

2. 边线颜色

边线颜色动画连接属性页如图3-6所示。其中"表达式"栏可关联一个变量或者一个表达式，用变量的值或表达式的值来决定图形的边线颜色。"边线颜色连接"栏可进行如下操作：

①点击"增加"，增加一个新的分段点；

②点击"删除"，删除指定的分段点；

③用鼠标双击分段点的值，可以设置分段点数值；

④用鼠标双击颜色，弹出色标列表框，可以设定图形对象的边线颜色。

运行时，若变量值或表达式值小于或等于某个分段点值，且大于上一个分段点值，则边线颜色为该分段点值对应颜色；当变量值或表达式值大于最大的分段点值时，边线颜色为最大分段点值对应的颜色；当变量值或表达式值小于最小的分段点值时，边线颜色为最小分段点值对应的颜色。图3-6中，当表达式值小于或等于0时边线颜色为绿色，表达式值大于0且小于或等于1时边线颜色为红色，表达式值大于或等于1时边线颜色为红色。

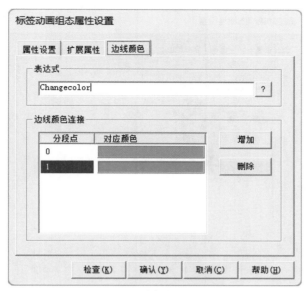

图 3-6　边线颜色动画连接

3. 字符颜色

字符颜色动画连接属性页如图 3-7 所示。其中"表达式"栏可关联一个变量或者一个表达式，用变量的值或表达式的值来决定图形的字符颜色。"字符颜色连接"栏可进行如下操作：

①点击"增加"，增加一个新的分段点；

②点击"删除"，删除指定的分段点；

③用鼠标双击分段点的值，可以设置分段点数值；

④用鼠标双击颜色，弹出色标列表框，可以设定图形对象的字符颜色。

运行时，若变量值或表达式值小于或等于某个分段点值，且大于上一个分段点值，则字符颜色为该分段点值对应颜色；当变量值或表达式值大于最大的分段点值时，字符颜色为最大分段点值对应的颜色；当变量值或表达式值小于最小的分段点值时，字符颜色为最小分段点值对应的颜色。图 3-7 中，当表达式值小于或等于 0 时字符颜色为绿色，表达式值大于 0 且小于或等于 1 时字符颜色为红色，表达式值大于或等于 1 时字符颜色为红色。

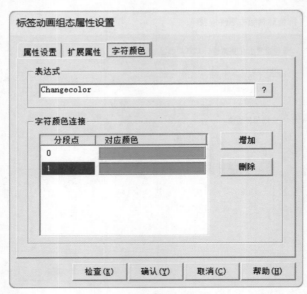

图 3-7　字符颜色动画连接

4. 水平移动

水平移动动画连接是位置动画连接的一种，设置该属性能使图形对象的位置随变量值变化而变化。用户只要控制变量值的大小和变化速度，就能精确地控制对应图形对象的位置及其变化速度。如果组态时没有进行位置动画连接设置，则可通过脚本函数在运行时设置图形对象的位置。

水平移动动画连接属性页如图 3-8 所示，"表达式"栏可以关联一个变量或者一个表达式，"水平移动连接"栏中，偏移量以组态时图形对象所在的位置为基准（初始位置），以单位为像素点，向左为负方向，向右为正方向（垂直移动中向下为正方向，向上为负方向）。通过"最小移动偏移量"及其"表达式的值"和"最大移动偏移量"及其"表达式的值"可以得到表达式值与偏移量之间的线性映射关联，当表达式为某一个值时，即可根据此线性关系计算出实际的偏移量，从而精确定位图形对象。

另外，此处的"最小移动偏移量"和"最大移动偏移量"可以理解为"移动偏移量 1"和"移动偏移量 2"，当表达式值超出"最小移动偏移量"和"最大移动偏移量"对应值时，实际偏移量也会超出"最小移动偏移量"和"最大移动偏移量"范围。偏移量设置范围为 –99999~999999，表达式值设置范围为 –3.40282e+038~3.40282e+038（即 -3.40282×10^{38}~3.40282×10^{38}）。

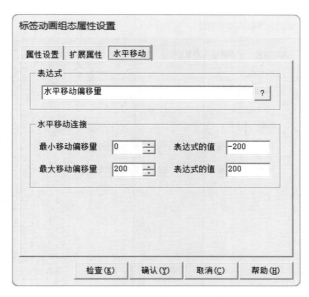

图 3-8　水平移动动画连接

5. 垂直移动

垂直移动动画连接是位置动画连接的一种，设置该属性能使图形对象的位置随变量值变化而变化。用户只要控制变量值的大小和变化速度，就能精确地控制对应图形对象的位置及其变化速度。如果组态时没有进行位置动画连接设置，可通过脚本函数在运行时设置图形对象的位置。

垂直移动动画连接属性页如图 3-9 所示，"表达式"栏可以关联一个变量或者一个表达式，"垂直移动连接"栏中，偏移量以组态时图形对象所在的位置为基准（初始位置），以单位为像素点，向下为正方向，向上为负方向（水平移动中向左为负方向，向右为正方向）。通过"最小移动偏移量"及其"表达式的值"和"最大移动偏移量"及其"表达式的值"可以得到表达式值与偏移量之间的线性映射关联，当表达式为某一个值时，即可根据此线性关系计算出实际的偏移量，从而精确定位图形。

另外，此处的"最小移动偏移量"和"最大移动偏移量"可以理解为"移动偏移量 1"和"移动偏移量 2"，当表达式值超出"最小移动偏移量"和"最大移动偏移量"对应值时，实际偏移量也会超出"最小移动偏移量"和"最大移动偏移量"范围。偏移量设置范围为 –99999~999999，表达式值设置范围为 –3.40282e+038~3.40282e+038。

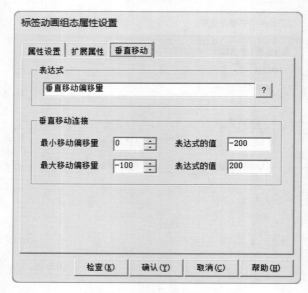

图 3-9　垂直移动动画连接

6. 大小变化

图形对象的大小变化以百分比的形式来衡量，并且以组态时图形对象的初始大小为基准（100% 即为图形对象的初始大小）。在 McgsPro 系列产品中，图形对象大小变化方式有如下七种：

①以中心点为基准，沿 X 方向和 Y 方向同时变化；
②以中心点为基准，只沿 X（左右）方向变化；
③以中心点为基准，只沿 Y（上下）方向变化；
④以左边界为基准，沿着从左到右的方向发生变化；
⑤以右边界为基准，沿着从右到左的方向发生变化；
⑥以上边界为基准，沿着从上到下的方向发生变化；
⑦以下边界为基准，沿着从下到上的方向发生变化。

同时，改变图形对象大小的方法有两种：一是按比例整体缩小或放大，称为缩放方式；二是按比例整体剪切，显示图形对象的一部分，称为剪切方式。两种方式都以图形对象的实际大小为基准。

如图 3-10 所示，当表达式"大小变化"的值小于或等于 -200 时，最小变化百分比设为 0，即图形对象的大小为初始大小的 0%，此时，图形对象实际上是不可见的；当表达式"大小变化"的值大于或等于 200 时，最大变化百分比设为 100%，即图形对象的大小与初始大小相同。不管表达式的值如何变化，图形对象的大小都在最小变化百分比与最大变化百分比所确定的大小之间变化。

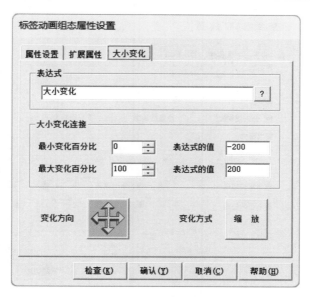

图 3-10　大小变化动画连接

　　缩放方式是对图形对象的整体按比例缩小或放大来实现大小变化的。当图形对象的变化百分比大于 100% 时，图形对象的实际大小是初始状态放大的结果，当小于 100% 时，是初始状态缩小的结果。

　　剪切方式不改变图形对象的实际大小，只按设定的比例对图形对象进行剪切处理，显示整体的一部分。变化百分比等于或大于 100%，则把图形对象全部显示出来。采用剪切方式改变图形对象的大小，可以模拟容器充填物料的动态过程，具体步骤是：先制作两个同样的图形对象，完全重叠在一起，使其看起来像一个图形对象；对前后两层的图形对象设置不同的背景颜色；定义前一层图形对象的大小变化动画连接，变化方式设为剪切方式。实际运行时，前一层图形对象的大小按剪切方式发生变化，只显示一部分，而另一部分显示的是后一层图形对象的背景颜色，前后层图形对象视为一个整体，从视觉上如同一个容器内物料按百分比填充，获得逼真的动画效果。

　　另外，百分比设置范围为 0~2147483647，表达式值范围为 -3.40282e+038~3.40282e+038。

7. 显示输出

显示输出动画连接属性配置包括如下几项，如图 3-11 所示。

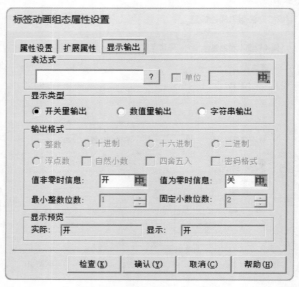

图 3-11　显示输出动画连接

（1）表达式：本项内容必须设置，指定标签构件所连接的表达式名称。使用右侧的问号（"？"）按钮，可以方便地查找已经定义的所有变量，双击所要连接的变量，即可将其设置在栏内。可以连接的变量包括浮点数、整数和字符串三种类型，还可以是它们的组合表达式。

（2）显示类型：本项内容必须设置，可供选择的显示类型包括开关量输出、数值量输出和字符串输出三种。

（3）输出格式：设定了此项后，数值将以设定的格式显示。数据输出格式包括整数、十进制、十六进制、二进制、浮点数、自然小数、四舍五入、密码格式。

①整数：当输入的整数位数小于设置的整数位数（最多 10 位）时，数据通过补零的方式实现设置的整数位数。

②四舍五入：当输入数据的小数位数超过设置的小数位数时可以采用四舍五入的方式输出。

③密码格式：当输入字符串或自然小数格式数值数据时，数据在输入框内以"*"形式显示。

④自然小数：用户对小数位的格式不做特殊要求而让系统自行决定小数位精度。若用户需要指定小数位数，就要取消勾选该输出格式，并在下面的"固定小数位数"输入框输入指定小数位数。

⑤当连接不同类型的变量、输出值类型不同时，可使用的数据格式也不同。选择开关量输出时，这些数据输出格式都不可用。

⑥选择数值量输出时，若选择浮点数输出格式，可以附加使用四舍五入、整数；不选择浮点数输出格式时，可以使用十进制、十六进制、二进制。

⑦值非零时信息和值为零时信息支持多语言。

注意：若关联浮点数变量，而没选择浮点数输出格式，选择进制方式，浮点数变量会转化为整数显示，小数位的精度会损失。

（4）显示预览：设置时，可以通过此项预览显示效果。

（5）单位：此项是可选项。当标签构件连接的变量为浮点数、整数并且输出值类型为浮点数时，此项可用。

8. 按钮输入

采用按钮输入方式使图形对象具有输入功能。在系统运行时，当用户单击设定的图形对象时，将弹出输入窗口，可输入与图形建立连接关系的变量的值。在"标签动画组态属性设置"对话框内，从"输入输出连接"栏目中选定"按钮输入"，增加"按钮输入"和"键盘属性"属性页。

1）按钮输入

进入"按钮输入"属性设置窗口，如图 3-12 所示。配置信息如下。

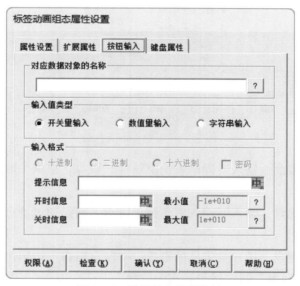

图 3-12　按钮输入动画连接

（1）对应数据对象的名称：可以关联浮点数、整数、字符串变量。

（2）输入值类型：选择"开关量输入"时，键盘输入字符将会转换为开关量（0 或 1）存储到对应关联变量中；选择"数值量输入"时，键盘输入字符将会转换为数值存储到关联变量中；选择"字符串输入"时，键盘输入字符将会以字符方式存储到关联变量中。

（3）输入格式：若变量需关联整数且输入值类型为数值量输入，可指定输入数据进制（十进制、二进制、十六进制）。"密码"选项为字符串或自然小数格式浮点数输入时的可选项（掩码方式输入）。"提示信息"为输入时打印到软键盘顶部的提示信息。"开时信息"和"关时信息"为开关量输入时键盘上的提示文字配置，文本支持多语言；如需显示特殊字符"&"，请输入两次"&"（使用"&&"），输入最大值和最小值需考虑变量管理的最大值和最小值配置，此处配置范围为 –3.40282e+038~3.40282e+038。

2）键盘属性

键盘属性页可以组态输入时的键盘类型、形态、位置等属性。键盘类型有三种，如图 3-13 所示。

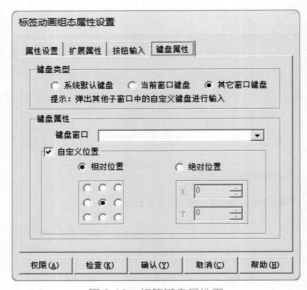

图 3-13　标签键盘属性页

（1）系统默认键盘：输入时弹出系统默认样式键盘，根据关联数据类型弹出对应形态的输入键盘。

（2）当前窗口键盘：输入时输入框不弹出键盘，而是通过物理键盘或窗口中已经组态的键盘进行输入操作。

（3）其它窗口键盘：用户自定义的键盘。"键盘窗口"指定用户自定义键盘所在的窗口位置；"自定义位置"指定键盘弹出的位置。

9. 按钮动作

按钮动作用于响应用户的鼠标按键动作或键盘按键动作，完成预定的功能操作。这些功能操作包括：

（1）执行运行策略中指定的策略块；

（2）打开指定的用户窗口，若该窗口已经打开，则不进行此项操作；

（3）关闭指定的用户窗口，若该窗口已经关闭，则不进行此项操作；

（4）打印用户窗口，打印当前屏幕图像；

（5）数据对象值操作置1，把指定的变量的值设置成1，只对整数和浮点数变量有效；

（6）数据对象值操作清 0，把指定的变量的值设置成 0，只对整数和浮点数变量有效；

（7）数据对象值操作取反，把指定的变量的值取反（非 0 变成 0，0 变成 1），只对整数和浮点数变量有效；

（8）退出系统，仅"退出运行环境"项可用，用以停止 McgsPro 系列产品的运行，返回到操作系统。

在"标签动画组态属性设置"对话框内，从"输入输出连接"栏中选定"按钮动作"，进入"按钮动作"属性设置窗口，在该窗口的"按钮动作列表"栏内，列出了上述功能操作，供用户选择设定，如图 3-14 所示。

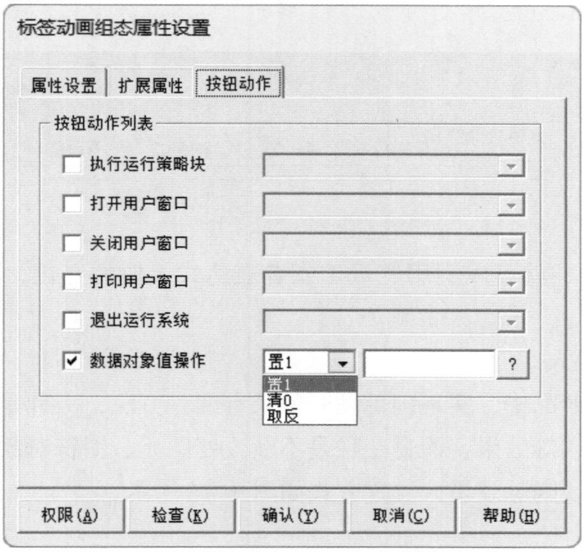

图 3-14　按钮动作动画连接

在变量值"清 0""置 1"和"取反"三个输入栏的右端，均有一带"？"图标的按钮，用鼠标单击该按钮，则显示所有已经定义的变量列表，再双击指定的变量，则把该对象的名称自动输入设置栏内。

10. 可见度

可见度动画连接的属性窗口如图 3-15 所示，在"表达式"栏中，将对象的可见度和变量（或者由变量构成的表达式）建立连接，而在"当表达式非零时"的选项中，根据表达式的结果来选择图形对象的可见度方式。图 3-15 所示的设置方式，对图形对象和表达式"可见度 >5"建立了连接，当可见度 >5 时，指定的图形对象在用户窗口中显示出来，当可见度 <=5 时，图形对象处于不可见状态。

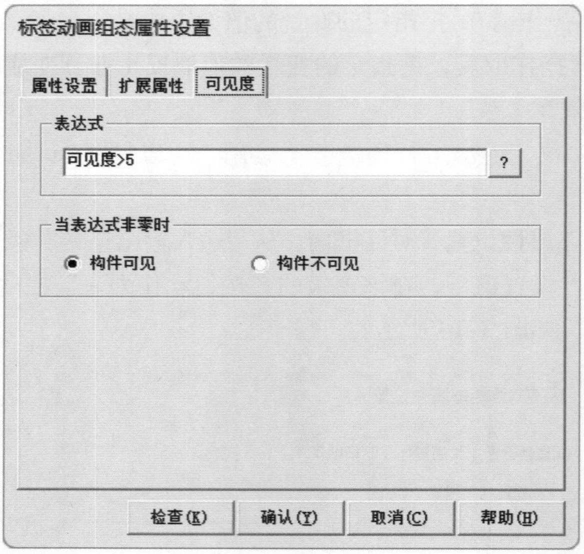

图 3-15 可见度动画连接

通过这样的设置，就可以利用变量（或者表达式）值的变化，来控制图形对象的可见状态。

11. 闪烁效果

在 McgsPro 系列产品中，实现闪烁动画效果有两种方法，一种是不断改变图元、图符对象的可见度来实现闪烁效果，而另一种是不断改变图元、图符对象的填充颜色、边线颜色或者字符颜色来实现闪烁效果，设置方式如图 3-16 所示。

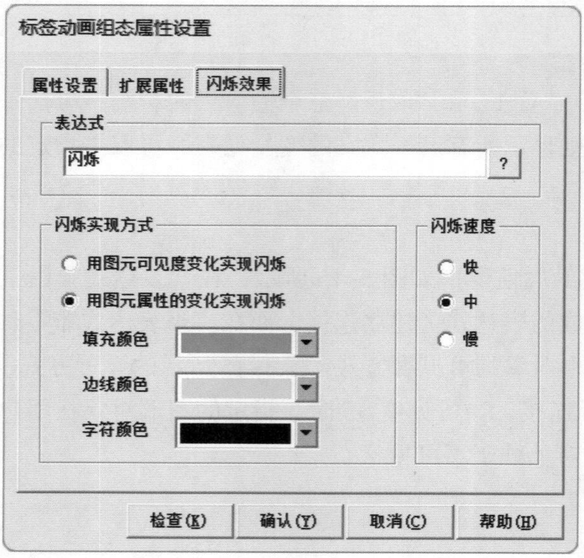

图 3-16 闪烁动画连接

在这里，图形对象的闪烁速度是可以调节的，McgsPro 系列产品给出了快、中和慢三挡闪烁速度供调节。闪烁属性设置完毕，在系统运行状态下，当所连接的变量（或者由变量构成的表达式）的值为非 0 时，图形对象就以设定的速度开始闪烁，而当变量或表达式的值为 0 时，图形对象就停止闪烁。

3.2　输入框

3.2.1　功能概述

输入框构件用于接收用户从键盘输入的信息，通过合法性检查之后，将它转换成适当的形式，赋予实时数据库中所连接的变量。输入框构件也可以作为数据输出的器件，显示所连接的变量的值。形象地说，输入框构件在用户窗口中提供了一个观察和修改实时数据库中变量的值的途径。

3.2.2　组态配置

组态过程中，用鼠标双击已经放置在用户窗口中的输入框构件，将弹出构件的属性设置对话框。输入框构件包括基本属性、操作属性、键盘属性和安全属性四个属性页。

1. 基本属性

基本属性页组态内容如图 3-17 所示。具体包括以下几项内容。

图 3-17　输入框基本属性页

（1）水平对齐：包括左对齐、中对齐、右对齐，是指输入框内的字符的显示方式。

（2）垂直对齐：包括上对齐、中对齐、下对齐，是指输入框内的字符的显示方式。

（3）边界类型：指定输入框构件的边界形式。其中"三维边框"是 Windows95 和 WindowsNT 下编辑框的标准外形，可以使整个界面具备三维效果；"无边框"则主要用于将输入框与其他图形元素组合起来，从而实现具有输入功能的复杂图形。

（4）背景图：若勾选此项，选择"图库"，将显示如图 3-18 所示的"元件图库管理"对话框。

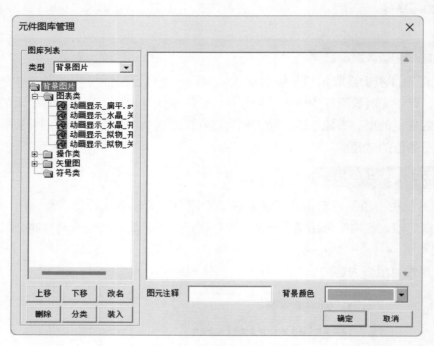

图 3-18 "元件图库管理"对话框

从对话框左边的对象元件列表中选择图片，选中的图片显示在对话框右边的显示框内。选择"确定"按钮，返回到"输入框构件属性设置"对话框，选择"确认"按钮后，添加位图成功。用户还可以通过"元件图库管理"对话框中的"装入"按钮，将更多图片添加到对象元件图库。

2. 操作属性

操作属性可指定被操作的变量的名称及其数值范围、数据格式，数据单位等，如图 3-19 所示。具体配置项如下。

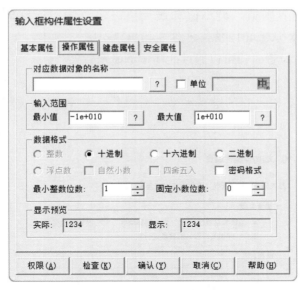

图 3-19　输入框操作属性页

（1）对应数据对象的名称：本项内容必须设置，指定输入框构件所连接的变量名称。使用右侧的问号（"？"）按钮，可以方便地查找已经定义的所有变量，用鼠标双击所要连接的变量，即可将其设置在栏内。可以连接的变量包括浮点数、整数和字符型三种类型。

（2）单位：可配置项，若勾选此功能，输入单位字符串，运行时数据后会追加显示数据的单位，数据单位支持多语言。

（3）数据格式：设定了此项后，数值将以设定的格式显示。

数据格式包括整数、十进制、十六进制、二进制、浮点数、自然小数、四舍五入、密码格式。

①如果选择整数，当输入的整数位数小于设置的整数位数时，数据通过补零的方式调整整数位数。

②当输入数据的小数位数超过设置的小数位数时可以采用四舍五入的方式输入，显示精度为 6 位有效数字。

③密码格式是指当输入字符型或自然小数格式数值数据时，数据在输入框内以"*"形式显示。当连接不同类型的变量时，可使用的数据格式也不同。

④自然小数位是指用户对小数位的格式不做特殊要求而让系统自行决定小数位精度，若用户需要指定小数位数，就要取消勾选"自然小数"，并在下面的小数位数输入框中指定小数位。"自然小数"和"整数""四舍五入"选项互斥。

⑤浮点数与"自然小数"或"整数"及"四舍五入"可同时勾选，数据默认以十进制形式显示。

（4）输入范围：本项对浮点数、整数变量有效，且只限制输入数据范围而不限制显示的数据范围。设定了最小值和最大值也即确定了数值输入范围，若超过了界限值，

则运行时只取设定的界限值。最小值和最大值设定范围：负数是从 –3.402823e+38 到
–1.401298e–45，正数是从 1.401298e–45 到 3.402823e+38。

（5）显示预览：设置时，可以通过此项预览显示效果。

3. 键盘属性

键盘属性可以组态输入时的键盘类型、形态、位置等属性。键盘类型包括三种，如
图 3-20 所示。

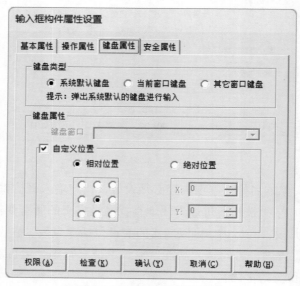

图 3-20　输入框键盘属性页

（1）系统默认键盘：输入时弹出系统默认样式键盘，可以根据关联数据类型弹出对
应形态的输入键盘。

（2）当前窗口键盘：输入时输入框不弹出键盘，而是通过物理键盘或窗口中已经组
态的键盘进行输入操作。

（3）其它窗口键盘：弹出键盘是用户自定义的键盘。"键盘窗口"指定用户自定义
键盘所在的窗口位置；"自定义位置"指定键盘弹出的位置。若不勾选此选项，则键盘
位置将跟随系统设置或键盘窗口配置参数指定的位置。

4. 安全属性

安全属性是指输入框在系统运行中是否可操作，由指定的表达式的值决定，如图 3-21
所示。

（1）表达式：可以输入一个表达式，用表达式的值来控制输入框是否可操作（即使
能状态）。如不设置任何表达式，则运行时，输入框始终处于可操作状态。可使用右侧的
问号（"？"）按钮查找并设置所需的表达式。

（2）条件设置：指定表达式的值与构件使能状态相对应。

（3）失效样式：指定输入框不可操作时（输入框失效）输入框的外观状态。

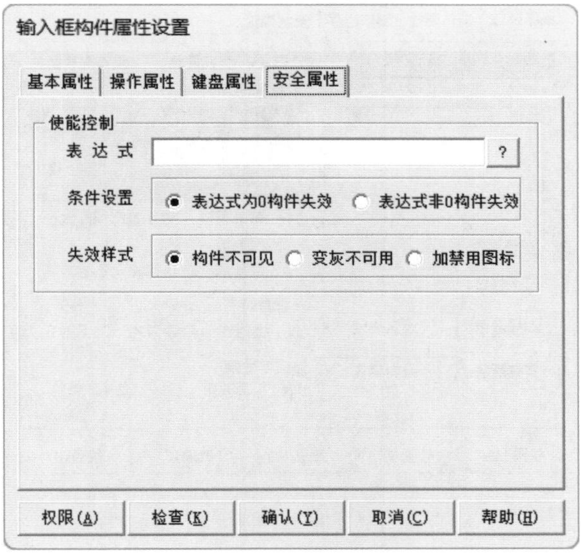

图 3-21　输入框安全属性页

3.3　标准按钮

3.3.1　功能概述

标准按钮动画构件类似 Windows 下按钮的功能。标准按钮构件有按下和抬起两种状态，可分别设置其动作，对应的动作有执行运行策略块、打开用户窗口、关闭用户窗口、打印用户窗口、退出运行系统、变量值操作、脚本程序，所有动作均可通过抬起和按下触发。

标准按钮构件可通过设置使能控制表达式来使按钮有效或无效，可选择长按生效或者弹窗确认来实现按钮的安全控制。点击按钮可执行按钮关联的特定动作。

3.3.2　组态配置

组态时用鼠标双击标准按钮构件，弹出"标准按钮构件属性设置"对话框，包括基本属性、操作属性、脚本程序、安全属性。

1. 基本属性

基本属性页如图 3-22 所示。

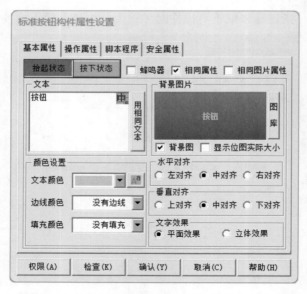

图 3-22　标准按钮基本属性页

（1）按钮状态：初始选择按钮抬起状态，当需要设置按下状态时，点击相应的按钮进行设置。

（2）文本：设定标准按钮构件上显示的文本内容，可快捷设置两种状态使用相同文本。文本支持多语言组态。

（3）背景图片：选择按钮背景图案，并设定是否显示图形实际大小。中间的图形是预览效果，预览内容包括状态、文本及其字体颜色、背景色、背景图形、对齐效果。背景图片支持 bmp、jpg、png、svg、ico 五种格式。

（4）文本颜色：设置标准按钮构件上显示文字的颜色和字体。

（5）填充颜色：设置标准按钮的填充颜色。

（6）边线颜色：设置标准按钮的边线颜色。

（7）水平对齐：设置标准按钮的文本和图形在水平方向的对齐方式。

（8）垂直对齐：设置标准按钮的文本和图形在垂直方向的对齐方式。

（9）文字效果：设置标准按钮的文本的显示方式，分为平面效果和立体效果。

（10）蜂鸣器：设置点击标准按钮时是否发出蜂鸣声。勾选"蜂鸣器"，点击按钮时发出蜂鸣声；不勾选"蜂鸣器"，屏处于静音状态不发出蜂鸣声。

（11）相同属性：设置按钮的抬起和按下状态显示相同的属性，但是不包括背景图片的属性。

（12）相同图片属性：设置按钮的抬起和按下状态显示相同的背景图片属性。

2. 操作属性

用户可以分别设定按钮抬起、按下两种状态下的功能，首先应选中将要设定的状态，然后勾选要设定的功能。一个标准按钮构件的一种状态可以同时指定几种功能，运行时构件将逐一执行（执行顺序：数据对象值操作 / 按位操作，打开用户窗口，退出运行系统，打印用户窗口，执行运行策略块，关闭用户窗口）。操作属性页如图 3-23 所示。

图 3-23 标准按钮操作属性页

（1）执行运行策略块：可以指定运行策略窗口中的用户策略。后台任务、启动策略、退出策略、循环策略、报警策略、事件策略和热键策略不能被标准按钮构件调用，组态时展开本栏右侧下拉列表进行选取。

（2）打开用户窗口：用于设置打开一个指定的用户窗口，可以在右侧的下拉列表中进行指定。如果指定的用户窗口已经打开，则打开窗口操作将使该窗口弹到最前面。

（3）关闭用户窗口：用于设置关闭一个指定的用户窗口，可以在右侧的下拉列表中指定。如果指定的用户窗口已关闭，则关闭窗口操作将被忽略。

（4）打印用户窗口：目前只包括打印当前屏幕一种操作。

（5）退出运行系统：目前只包括退出运行环境一种操作。

（6）数据对象值操作：主要用于变量的"置 1""清 0""取反""按 1 松 0"和"按 0 松 1"操作。其中"按 1 松 0"指的是按下按钮时对变量"置 1"，抬起按钮时对变量"清 0"；"按 0 松 1"指的是按下按钮时对变量"清 0"，抬起按钮时对变量"置 1"。可以点击右侧的"？"选择操作的变量。

（7）按位操作：用于操作指定变量的指定数据位（二进制形式），其中被操作的对象为变量值操作中的数据，要操作的位的位置可以指定变量或数字。

（8）清空所有操作：快速清空抬起、按下两种状态下的所有操作。

注意：

（1）标准按钮构件不支持退出运行程序、退出操作系统、重启操作系统、关机等操作。

（2）按钮的动作、脚本、事件的执行顺序有如下优先关系：MouseMove 事件 > 按下脚本 > 按下动作 > 按下事件 > 抬起事件 >Click 事件 > 抬起脚本 > 抬起动作。

3. 脚本程序

用户可以在脚本程序页内分别编辑抬起、按下两种状态的脚本程序。运行时当完成一次按钮动作时，系统执行一次对应的脚本函数。用户可点击"清空所有脚本"，快速清空两种状态下的程序。脚本程序页见图 3-24。

图 3-24　脚本程序页

注意：当按下脚本组态弹出模态对话框（密码输入框等）时，抬起脚本失效。

4. 安全属性

安全属性设置包含使能控制、安全控制，如图 3-25 所示。用户可以在使能控制中关联表达式，用以控制标准按钮构件是否有效，当标准按钮无效时，在指定区域的鼠标点击动作不会生效；若表达式为空，则使能控制不启用。安全控制中，"长按生效"表示按下按钮达到设定的时间之后动作才会执行，"弹窗确认"表示点击按钮之后会弹出确认是否执行的对话框，用户确认后，方可执行，若达到设定的等待时间之后未确认或者取消，则按钮动作不会执行。

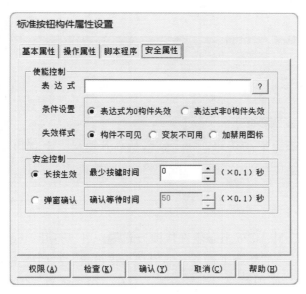

图 3-25　安全属性页

（1）表达式：输入一个表达式，用于控制按钮是否可见；或者通过"？"从显示的变量列表中选取一个表达式。

（2）表达式为 0 构件失效：当表达式的值为 0 时，按钮失效，否则，按钮有效。

（3）表达式非 0 构件失效：当表达式的值为非 0 时，按钮失效，否则，按钮有效。

（4）构件不可见：当按钮失效时，隐藏按钮。

（5）变灰不可用：当按钮失效时，按钮文本为灰色。

（6）加禁用图标：当按钮失效时，按钮上会出现一个禁用图标。

（7）长按生效：按下按钮至少最少按键时间后按钮才生效；最少按键时间取值范围为 0~1000，单位为 0.1 秒，即取值 1000 时最少按键时间为 100 秒。

（8）弹窗确认：按下按钮后弹出确认框，点击"确认"后按钮动作生效，点击"取消"后按钮动作无效；超过确认等待时间仍没有点击"确认"则确认框消失并且按钮动作无效；确认等待时间取值范围为 10~1000，单位为 0.1 秒。当操作属性为数据对象值操作的"按 1 松 0"和"按 0 松 1"操作时，安全控制不可选择弹窗确认。

注意：使能控制与安全控制对按钮中的事件无效。若设置了弹窗确认，当按下脚本组态弹出模态对话框（密码输入框等），在用户确认执行之后，抬起脚本与抬起动作也会执行。

3.4 案例 1: 数值对象与数据显示

扫码领案例源文件

案例要求:

按下启动按钮,一个整数从 0 开始每隔 1 s 加 1;按下停止按钮,数值停止累加,累加数显示在画面的标签中。

1. 新建工程

双击电脑桌面上的 McgsPro 组态软件快捷方式 ,可以打开 McgsPro 组态软件。

选择菜单"文件"→"新建工程",弹出"工程设置"对话框,在"HMI 配置"中,选择"TPC7032Kt"(与所用触摸屏型号一致)。在"组态配置"中设置网格行高、列宽,最后单击"确定"按钮。选择菜单"文件"→"工程另存为",将工程另存为"数值对象与数据显示"。

在"工作台"中激活"用户窗口",接下来选择"窗口 0",单击"窗口属性",弹出"用户窗口属性设置"对话框,在"基本属性"页,将窗口名称修改为"整数累加",点击"确认"进行保存。弹出"McgsPro 组态环境"窗口,点击"确定"。

2. 标准按钮

在"工作台"中激活"用户窗口",双击"整数累加"窗口,打开动画组态窗口。

第一步:添加按钮。

选择工具箱,从工具箱中单击标准按钮构件,在窗口编辑位置按住鼠标左键拖放出一定大小后,松开鼠标左键,这样一个按钮构件就绘制在窗口中。

第二步:修改按钮文本。

双击该按钮打开"标准按钮构件属性设置"对话框,在"基本属性"页中,将"文本"修改为"启动"。

第三步:修改按钮文本大小,将大小改为"四号"。

第四步:修改按钮颜色,将文本颜色改为黑色,将边线颜色改为绿色,将填充颜色改为绿色。

第五步:修改按钮背景图片。

在"基本属性"页中,点击"图库",进入"元件图库管理","类型"选择"背景图片"中的"操作类",从操作类找到"标准按钮_拟物_抬起",最后单击"确定"保存。

第六步:按照以上步骤,完成后点"确认"。大家也可以按照个人喜好,自由选择颜色和背景图片。

第七步:停止按钮与启动按钮类似。选中"启动"按钮,单击鼠标右键,选择"拷贝"

或使用快捷键 Ctrl+C，在空白处单击鼠标右键，选择"粘贴"或使用快捷键 Ctrl+V。

双击"启动"按钮，打开"标准按钮构件属性"对话框，在"基本属性"页中，将文本修改为"停止"，将边线颜色与填充颜色修改为红色，再点击"确认"。

按钮效果如图 3-26 所示。

图 3-26　按钮效果

3. 标签

第一步：插入标签。

在工具箱中选择标签，在窗口编辑位置按住鼠标左键拖放出一定大小后，松开鼠标左键。

第二步：修改标签属性。

双击该标签，弹出"标签动画组态属性设置"对话框，在"属性设置"页中，将字符大小改为"四号"，勾选"显示输出"，点击"确认"，如图 3-27 所示。

图 3-27　标签设置

4. 设备组态

参考 2.1.6 节。

5. 动画连接

点击工作台按钮，返回"工作台"窗口，在"工作台"窗口中，激活"用户窗口"，双击"整数累加"窗口，进入动画组态界面。

1）按钮

双击"启动"按钮，弹出"标准按钮构件属性设置"对话框，如图3-28所示，在"操作属性"页，默认"抬起功能"按钮为按下状态，勾选"数据对象值操作"，选择"按1松0"，单击右侧按钮 ，弹出"变量选择"对话框，如图3-29所示，选择"根据采集信息生成"，"通道类型"选择"M内部继电器"，"数据类型"选择"通道的第00位"，"通道地址"为"0"，"读写类型"选择"读写"。设置完成后点击"确认"。

图 3-28 "启动"按钮的数据连接

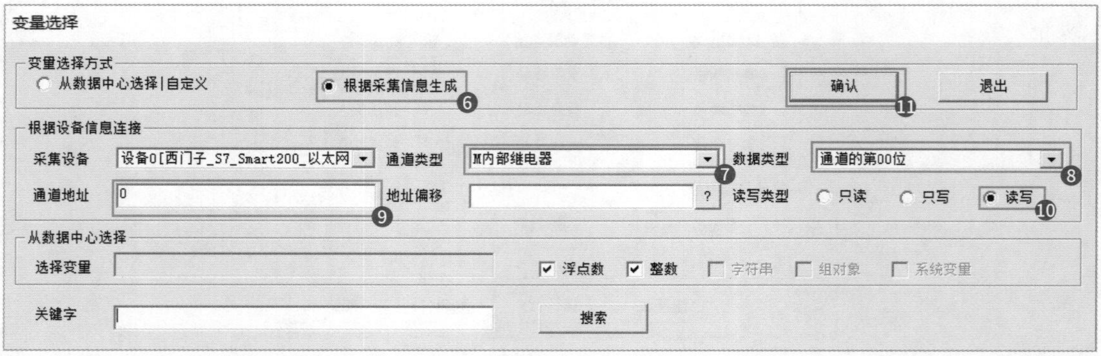

图 3-29 "启动"按钮的"变量选择"对话框

使用同样的方法，对"停止"按钮进行设置。双击"停止"按钮，弹出"标准按钮构件属性设置"对话框，在"操作属性"页，默认"抬起功能"按钮为按下状态，勾选"数据对象值操作"，选择"按1松0"。单击右侧按钮 ，弹出"变量选择"对话框，选择"根据采集信息生成"，"通道类型"选择"M内部继电器"，"数据类型"选择"通道的第

01 位"，"通道地址"为"0"，"读写类型"选择"读写"。设置完成后点击"确认"。

2）标签

双击标签构件，弹出"标签动画组态属性设置"对话框，在"显示输出"页，"显示类型"选择"数值量输出"，"输出格式"选择"整数""十进制"，点击表达式右边的图标 ?，弹出"变量选择"对话框，如图 3-30 所示，点击"确认"保存设置。

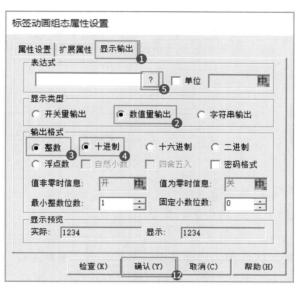

图 3-30　标签显示输出变量选择

6. 在线调试

第一步：核对 TPC 与 PLC 变量的对应关系，如表 3-1 所示。

表 3-1　TPC 与 PLC 变量的对应关系

TPC 变量	启动按钮	停止按钮	数值
PLC 变量	M0.0	M0.1	VW0

第二步：编写 PLC 程序，如图 3-31 所示。

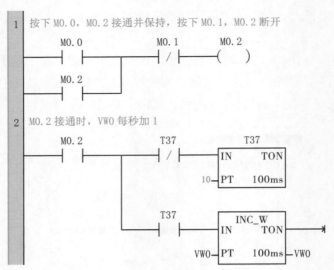

图 3-31　PLC 程序

第三步：PLC 程序下载及模拟运行。

将 PLC 程序从电脑下载到 PLC 中，参考 2.1.8 节。

（1）模拟运行。

在 McgsPro 组态环境软件中，选择菜单"工具"→"下载工程"或点击工具条中的下载按钮（或按 F5），进入"下载配置"窗口，运行方式选择"模拟"，点击"工程下载"，等待工程下载。

工程下载完成后，点击"启动运行"，启动触摸屏，运行工程。

测试功能是否正常。

①按下"启动"按钮，整数每隔 1 s 加 1，如图 3-32 所示。

图 3-32　模拟画面

②按下停止按钮，整数停止累加。

（2）触摸屏程序下载。

将触摸屏与电脑用网线连接，将工程下载到触摸屏，参考 1.7 节。

（3）触摸屏与 PLC 连接。

触摸屏与 PLC 连接，参考 2.1.8 节。

3.5　案例 2: 小车往返

案例要求:

　　有一个动画小车自左向右水平运行在一条绘制好的轨道上。当命令小车前进时, 小车缓慢前进, 一直运动到轨道的最右端, 自动停止; 当命令小车后退时, 小车沿原路缓慢后退, 一直后退到起点, 自动停止。在没有前进或后退指令时, 小车都要停在原地不动; 如果继续命令前进或后退, 则小车继续前进或后退。

扫码领案例源文件

1. 新建工程

　　双击电脑桌面上的 McgsPro 组态软件快捷方式 ![icon], 可以打开 McgsPro 组态软件。

　　选择菜单"文件"→"新建工程", 弹出"工程设置"对话框, 在"HMI 配置"中, 选择"TPC7032Kt"（与所用触摸屏型号一致）, 在"组态配置"中设置网格行高、列宽, 最后单击"确定"按钮。选择菜单"文件"→"工程另存为", 将工程另存为"小车往返"。

　　在"工作台"中激活"用户窗口", 接下来选择"窗口 0", 单击"窗口属性", 弹出"用户窗口属性设置"对话框, 在"基本属性"页, 将窗口名称修改为"小车往返", 点击"确认"进行保存。弹出"McgsPro 组态环境"窗口, 点击"确定"。

2. 标准按钮

　　在"工作台"中激活"用户窗口", 双击"小车往返"窗口, 打开动画组态窗口。

　　第一步: 添加按钮。

　　选择工具箱, 从工具箱中单击标准按钮构件, 在窗口编辑位置按住鼠标左键拖放出一定大小后, 松开鼠标左键, 这样一个按钮构件就绘制在窗口中。

　　第二步: 修改按钮文本。

　　双击该按钮打开"标准按钮构件属性设置"对话框, 在"基本属性"页中, 将"文本"修改为"前进"。

　　第三步: 修改按钮文本大小, 将大小改为"四号"。

　　第四步: 修改按钮颜色, 将文本颜色改为黑色, 将边线颜色改为绿色, 将填充颜色改为绿色。

　　第五步: 修改按钮背景图片。

　　在"基本属性"页中, 点击"图库", 进入"元件图库管理", "类型"选择"背景图片"中的"操作类", 从操作类找到"标准按钮_拟物_抬起", 最后单击"确定"保存。

　　第六步: 按照以上步骤, 完成后点"确定"。大家也可以按照个人喜好, 自由选择颜色和背景图片。

　　第七步：后退按钮与前进类似。选中"前进"按钮，单击鼠标右键，选择"拷贝"或使用快捷键 Ctrl+C，在空白处单击鼠标右键，选择"粘贴"或使用快捷键 Ctrl+V。

　　双击"前进"按钮，打开"标准按钮构件属性"窗口，在"基本属性"页中，将文本修改为"后退"，再点击"确认"。

　　按钮效果如图 3-33 所示。

图 3-33　按钮效果

3. 标签

　　第一步：插入标签。

　　在工具箱中选择标签，在窗口编辑位置按住鼠标左键拖放出一定大小后，松开鼠标左键。

　　第二步：修改标签属性。

　　双击该标签，弹出"标签动画组态属性设置"对话框，在"属性设置"页中，将填充颜色改为"没有填充"，将边线颜色改为"没有边线"，将字符颜色改为"蓝色"，将字符大小改为"初号"，如图 3-34 所示，在"扩展属性"页中，将文本输入内容改为"小车往返"，点击"确认"。

图 3-34　标签设置

标签效果如图 3–35 所示。

小车往返

图 3-35　标签效果

4. 矩形

在工具箱中选择矩形按钮▢，将光标移动至窗口中，当光标变成"十"字形状时，在窗口中央点击并拖动鼠标，绘制一个大小为 800 mm × 20 mm 的矩形区域（矩形大小可在窗口右下角状态栏中进行设置）。绘制完成后，双击矩形框，弹出"动画组态属性设置"窗口，将填充颜色设置为蓝色，将边线颜色改为"没有边线"，点击"确认"，小车的移动轨道创建完成，如图 3–36 所示。

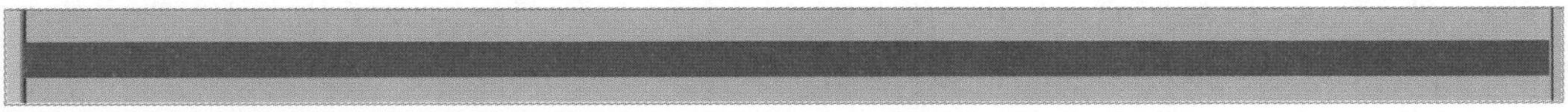

图 3-36　小车移动轨道

5. 插入元件

在工具箱中选择插入元件⬚，进入"元件图库管理"，"类型"选择"公共图库"，在条目"车"中，选取"货车 2"，点击"确定"，如图 3–37 所示。小车出现在用户窗口中，通过鼠标调整小车的大小和位置，将小车放在已设置好的轨道上，如图 3–38 所示。

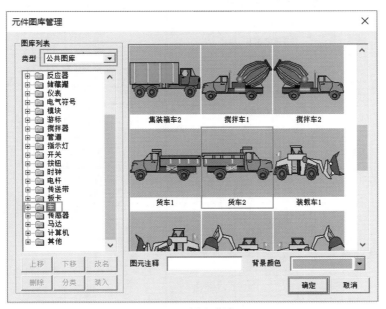

图 3-37　插入货车 2

图 3-38　小车在轨道上

6. 设备组态

参考 2.1.6 节。

7. 动画连接

点击工作台按钮，返回"工作台"窗口，在"工作台"窗口中，激活"用户窗口"，双击"小车往返"窗口，进入动画组态界面。

1）按钮

双击"前进"按钮，弹出"标准按钮构件属性设置"对话框，如图 3-39 所示，在"操作属性"页，默认"抬起功能"按钮为按下状态，勾选"数据对象值操作"，选择"按 1 松 0"，单击右侧按钮 ? ，弹出"变量选择"对话框，如图 3-40 所示，选择"根据采集信息生成"，"通道类型"选择"M 内部继电器"，"数据类型"选择"通道的第 00 位"，"通道地址"为"0"，"读写类型"选择"读写"。设置完成后点击"确认"。

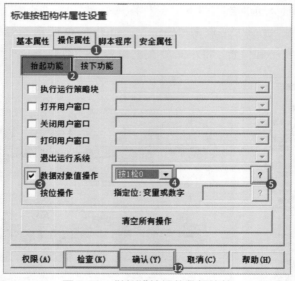

图 3-39　"前进"按钮的数据连接

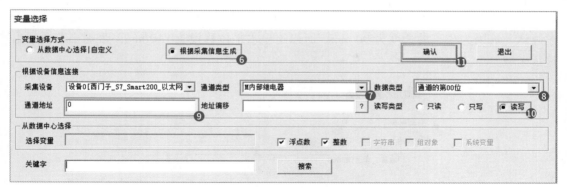

图 3-40　"前进"按钮的"变量选择"对话框

使用同样的方法，对"后退"按钮进行设置，双击"后退"按钮，弹出"标准按钮构件属性设置"对话框，在"操作属性"页，默认"抬起功能"按钮为按下状态，勾选"数据对象值操作"，选择"按 1 松 0"。单击右侧按钮 ?，弹出"变量选择"对话框，选择"根据采集信息生成"，"通道类型"选择"M 内部继电器"，"数据类型"选择"通道的第01 位"，"通道地址"为"0"，"读写类型"选择"读写"。设置完成后点击"确认"。

2）小车进行水平移动的设置

在用户窗口中，双击小车图形对象，弹出"单元属性设置"对话框，在"动画连接"页中选中"组合图符"，则会出现 >，如图 3-41 所示。单击 > 则进入"动画组态属性设置"对话框，如图 3-42 所示。

图 3-41 "单元属性设置"对话框

在"水平移动"页中，按图 3-42 进行设置。点击 ?，弹出"变量选择"对话框，选择"根据采集信息生成"，"通道类型"选择"V 数据寄存器"，"数据类型"选择"16 位有符号二进制"，"通道地址"为"0"，"读写类型"选择"读写"。设置完成后点击"确认"。因为小车的长度为 90 mm，所以这里水平位移设为 710 mm，否则小车会超出显示区域。

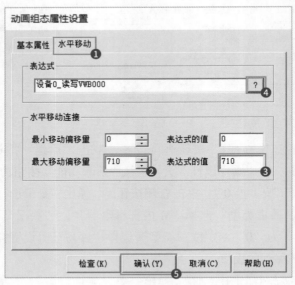

图 3-42 "水平移动"页设置

8. 在线调试

第一步：核对 TPC 与 PLC 变量的对应关系，如表 3-2 所示。

表 3-2 TPC 与 PLC 变量的对应关系

TPC 变量	前进按钮	后退按钮	水平位移
PLC 变量	M0.0	M0.1	VW0

第二步：编写 PLC 程序，如图 3-43 所示。

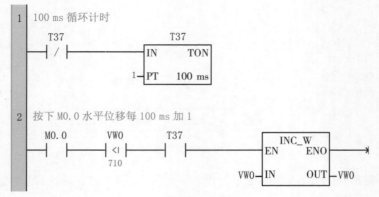

图 3-43 PLC 程序

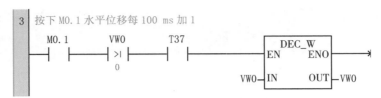

续图 3-43

第三步：PLC 程序下载及模拟运行。

将 PLC 程序从电脑下载到 PLC 中，参考 1.7 节。

（1）模拟运行。

在 McgsPro 组态环境软件中，选择菜单"工具"→"下载工程"或点击工具条中的下载按钮（或按 F5），进入"下载配置"窗口，运行方式选择"模拟"，点击"工程下载"，等待工程下载。

工程下载完成后，点击"启动运行"启动触摸屏，运行工程。

测试功能是否正常。

①按下"前进"按钮，小车开始前进，运行到轨道最右端后停止运行，如图 3-44 所示。

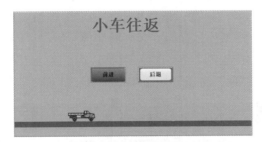

图 3-44　模拟画面 1

②按下后退按钮，小车开始后退，运行到轨道最左端后停止运行，如图 3-45 所示。

图 3-45　模拟画面 2

（2）触摸屏程序下载。

将触摸屏与电脑用网线连接，将工程下载到触摸屏，参考 1.7 节。

（3）触摸屏与 PLC 连接。

触摸屏与 PLC 连接，参考 2.1.8 节。

第4章 多画面切换

1. 新建工程

双击电脑桌面上的 McgsPro 组态软件快捷方式，可以打开 McgsPro 组态软件。

选择菜单"文件"→"新建工程"，弹出"工程设置"对话框，在"HMI 配置"中，选择"TPC7032Kt"（与所用触摸屏型号一致），在"组态配置"中设置网格行高、列宽，最后单击"确定"按钮。选择菜单"文件"→"工程另存为"，将工程另存为"多画面切换"。

在工作台中，点击"用户窗口"，选择"窗口0"，点击"窗口属性"，如图4-1所示，弹出"用户窗口属性设置"窗口，如图4-2所示。

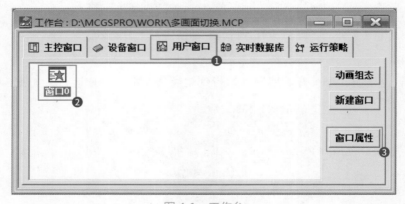

图 4-1 工作台

在"用户窗口属性设置"窗口中，单击"基本属性"，将窗口名称改为"主画面"，点击"确认"。

扫码领案例源文件

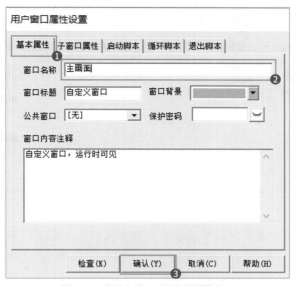

图 4-2　"用户窗口属性设置"窗口

在"工作台"窗口中，双击"主画面"窗口，进入"动画组态主画面"的开发系统。

2. 插入主画面标签构件

在工具箱中选择标签，将其拖放到编辑区，点击空白区域添加标签。双击该标签，弹出"标签动画组态属性设置"对话框，在"属性设置"页中，将填充颜色改为"没有填充"，将边线颜色改为"没有边线"，将字符颜色改为蓝色，将字符大小改为"初号"，在"扩展属性"页中的"文本内容输入"中输入"主画面"，点击"确认"，如图 4-3 所示。

图 4-3　主画面

点击工作台按钮，在"工作台"窗口中，选择用户窗口，点击"新建窗口"，选择"窗口 0"，点击"窗口属性"，如图 4-4 所示，弹出"用户窗口属性设置"窗口，如图 4-5 所示。

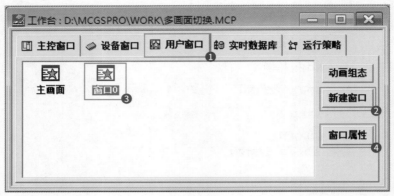

图 4-4　用户窗口

在"用户窗口属性设置"窗口中，单击"基本属性"，将窗口名称改为"手动操作"，点击"确认"。

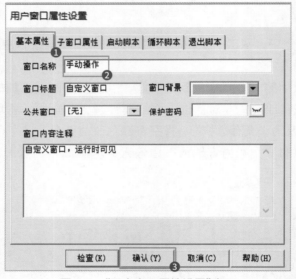

图 4-5　"用户窗口属性设置"窗口

在"工作台"窗口中，双击"手动操作"窗口，进入"动画组态主画面"的开发系统。

3. 插入手动操作标签构件

在工具箱中选择标签，将其拖放到编辑区，点击空白区域添加标签。双击该标签，弹出"标签动画组态属性设置"对话框，在"属性设置"页中，将填充颜色改为"没有填充"，将边线颜色改为"没有边线"，将字符颜色改为蓝色，将字符大小改为"初号"，在"扩展属性"页中的"文本内容输入"中输入"手动操作"，点击"确认"，如图 4-6 所示。

图 4-6　手动操作

按照上述方式新建"自动操作"窗口、"报警管理"窗口、"用户登录"窗口，并在窗口中设置对应的标签。

4. 公共窗口

在"公共窗口"选项中可以选择公共窗口。公共窗口是包含一组公共对象的用户窗口，可以被其他用户窗口引用，目的是降低组态工作量和减小工程文件大小。

在"工作台"窗口中，选择用户窗口，点击"新建窗口"，选择"窗口 0"，点击"窗口属性"，弹出"用户窗口属性设置"窗口。在"用户窗口属性设置"窗口中，单击"基本属性"，将窗口名称改为"公共窗口"。点击"确认"。

在"工作台"窗口中，双击"公共窗口"，进入"动画组态公共窗口"的开发系统。

5. 添加按钮构件

选择工具箱，从工具箱中单击标准按钮构件，在窗口编辑位置按住鼠标左键拖放出一定大小后，松开鼠标左键，这样一个按钮构件就绘制在窗口中，双击该按钮打开"标准按钮构件属性设置"对话框，在"基本属性"页中将"文本"修改为"主画面"，如图 4-7 所示。

图 4-7　添加主画面按钮构件

按照上述方式添加"手动操作""自动操作""报警管理""用户登录"按钮构件，如图 4-8 所示。

图 4-8　添加其他按钮构件

6. 动画连接

双击"主画面"按钮，弹出"标准按钮构件属性设置"对话框，在"操作属性"中，勾选"打开用户窗口"，选择"主画面"，点击"确认"，如图4-9所示。

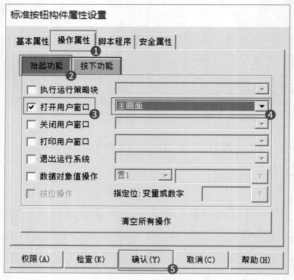

图4-9　标准按钮构件属性设置

双击"手动操作"按钮，弹出"标准按钮构件属性设置"对话框，在"操作属性"中，勾选"打开用户窗口"，选择"手动操作"，点击"确认"。

双击"自动操作"按钮，弹出"标准按钮构件属性设置"对话框，在"操作属性"中，勾选"打开用户窗口"，选择"自动操作"，点击"确认"。

双击"报警管理"按钮，弹出"标准按钮构件属性设置"对话框，在"操作属性"中，勾选"打开用户窗口"，选择"报警管理"，点击"确认"。

双击"用户登录"按钮，弹出"标准按钮构件属性设置"对话框，在"操作属性"中，勾选"打开用户窗口"，选择"用户登录"，点击"确认"。

7. 关联公共窗口

点击工作台按钮，返回工作台窗口，在"用户窗口"，选择"主画面"，点击"窗口属性"，弹出"用户窗口设置属性"对话框，在"基本属性"中，在公共窗口右侧下拉列表中选择"公共窗口"，如图4-10所示。

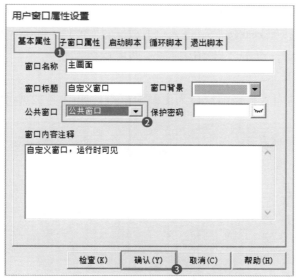

图 4-10　关联公共窗口

点击工作台按钮，返回工作台窗口，在"用户窗口"，选择"手动操作"，点击"窗口属性"，弹出"用户窗口设置属性"对话框，在"基本属性"中，在公共窗口右侧下拉列表中选择"公共窗口"。

点击工作台按钮，返回工作台窗口，在"用户窗口"，选择"自动操作"，点击"窗口属性"，弹出"用户窗口设置属性"对话框，在"基本属性"中，在公共窗口右侧下拉列表中选择"公共窗口"。

点击工作台按钮，返回工作台窗口，在"用户窗口"，选择"报警管理"，点击"窗口属性"，弹出"用户窗口设置属性"对话框，在"基本属性"中，在公共窗口右侧下拉列表中选择"公共窗口"。

点击工作台按钮，返回工作台窗口，在"用户窗口"，选择"用户登录"，点击"窗口属性"，弹出"用户窗口设置属性"对话框，在"基本属性"中，在公共窗口右侧下拉列表中选择"公共窗口"。

设置完成后"主画面"动画组态如图 4-11 所示。

图 4-11　"主画面"动画组态

8. 运行调试

点击菜单栏下载按钮🔳或按 F5，进入"下载配置"窗口。选择"模拟运行"，点击"工程下载"，下载完成后，点击"启动运行"，即可运行工程。

测试功能是否正常。

（1）进入模拟画面后，当前窗口为主画面窗口，如图 4-12 所示。

图 4-12　模拟画面 1

（2）按下"手动操作"按钮，进入手动操作窗口，如图 4-13 所示。

图 4-13　模拟量画面 2

（3）按下"自动操作"按钮、"报警管理"按钮、"用户登录"按钮，分别进入对应的窗口画面。

第 5 章　实时曲线与历史曲线

5.1　实时曲线

5.1.1　功能概述

实时曲线构件是用曲线显示一个或多个变量数值的动画图形，像记录仪一样实时记录变量值的变化情况。实时曲线构件可以使用绝对时间为横轴标度，此时，构件显示的是变量的值与时间的函数关系。实时曲线构件也可以使用相对时钟作为横轴标度，此时，须指定一个表达式来表示相对时钟，构件显示的是变量的值与此表达式值的函数关系，从而实现记录一个变量随另一个变量的变化曲线。实时曲线构件可支持 6 条曲线，每条曲线最多加载并显示 300 个数据点。

5.1.2　组态配置

组态时用鼠标单击实时曲线构件☑，在窗口编辑位置按住鼠标左键拖放出一定大小后，松开鼠标左键，双击曲线，弹出构件的属性设置对话框，包括基本属性、标注属性、画笔属性和可见度四个属性窗口。

1. 基本属性

"基本属性"窗口如图 5-1 所示。

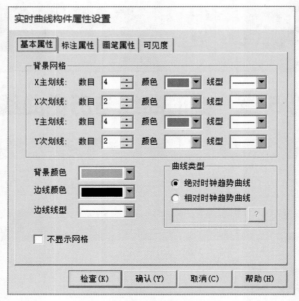

图 5-1 "基本属性"窗口

（1）背景网格：设置坐标网格的数目、颜色、线型。

（2）背景颜色：设置曲线的背景颜色（含透明色）。

（3）边线颜色：设置曲线的边线颜色。

（4）边线线型：设置曲线的边线线型。

（5）曲线类型："绝对时钟趋势曲线"用系统时间作为横坐标，显示变量值随时间的变化曲线；"相对时钟趋势曲线"用指定表达式的值作为横坐标，显示一个变量随另一个变量的变化曲线。

（6）不显示网格：勾选此复选框，在构件的曲线窗口中不显示坐标网格。

2. 标注属性

"标注属性"窗口如图 5-2 和图 5-3 所示。

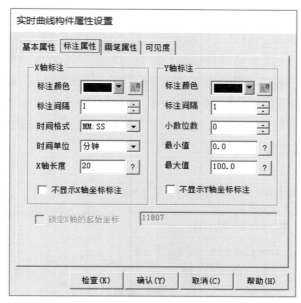

图 5-2 绝对时钟标注属性

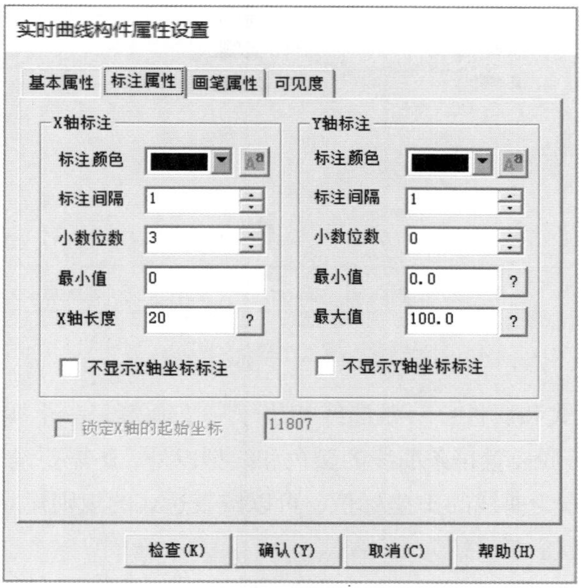

图 5-3 相对时钟标注属性

（1）X 轴标注：设置 X 轴标注文字的标注颜色、标注间隔、字体和 X 轴长度。

①当曲线类型为"绝对时钟趋势曲线"时，需要指定时间格式、时间单位。X 轴长度以指定的时间单位为单位。

②当曲线类型为"相对时钟趋势曲线"时，需要指定 X 轴标注的小数位数和 X 轴的最小值（建议"相对时钟趋势曲线"表达式初值大于最小值且小于最大值，否则 X 轴坐

标会经过复杂的计算，将导致显示不可控）。

③勾选"不显示 X 轴坐标标注"复选框，将不显示 X 轴的标注文字。

（2）Y 轴标注：设置 Y 轴的标注颜色、标注间隔、小数位数和 Y 轴坐标的最大值 /
最小值以及标注字体。勾选"不显示 Y 轴坐标标注"复选框，将不显示 Y 轴的标注文字。

（3）锁定 X 轴的起始坐标：只有当选择"绝对时钟趋势曲线"，并且将时间单位选
取为"小时"，此项才可以被选中。当选中后，X 轴的起始时间将锁定在所填写的时间位
置，取值范围为 [0，23]。

3. 画笔属性

"画笔属性"窗口如图 5-4 所示。

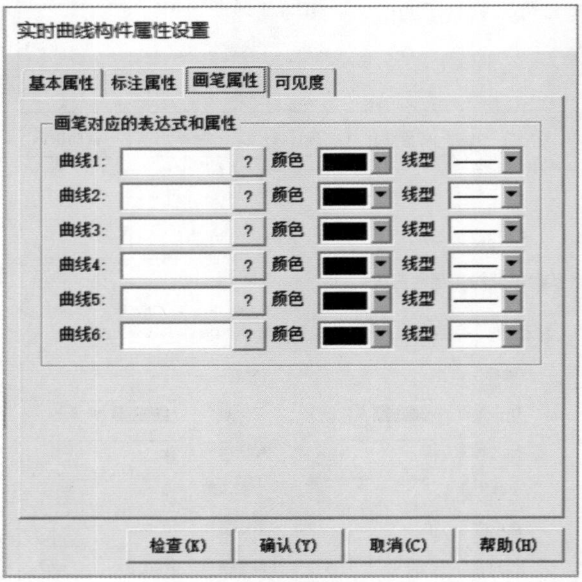

图 5-4 "画笔属性"窗口

画笔对应的表达式和属性：一条曲线相当于一支画笔，一个实时曲线构件最多可同
时显示 6 条曲线。除需要设置每条曲线的颜色和线型以外，还需要设置曲线对应的表达式，
该表达式的实时值将作为曲线的 Y 坐标值，可以按表达式的规则建立一个复杂的表达式，
也可以只简单地指定一个变量作为表达式。

4. 可见度

"可见度"窗口如图 5-5 所示。

图 5-5　"可见度"窗口

（1）表达式：输入一个表达式用于控制构件是否可见，或者通过"?"图标从显示的表达式列表中选取表达式，不置任何表达式时，构件始终可见。

（2）构件可见：当表达式的值为非 0 时，构件可见。

（3）构件不可见：当表达式的值为非 0 时，构件不可见。

5.2　历史曲线

5.2.1　功能概述

历史曲线构件实现了历史数据的曲线浏览功能。运行时，历史曲线构件能够根据需要画出相应历史数据的趋势效果图，能很好地体现和描述历史数据的变化。历史曲线构件支持 16 条曲线，每条曲线最多可加载并显示 86400 个数据点；曲线不宜过多，否则会消耗太多内存，影响体验速度。

5.2.2　组态配置

组态时用鼠标单击历史曲线构件☑，在窗口编辑位置按住鼠标左键拖放出一定大小后，松开鼠标左键，双击曲线，弹出构件的属性设置对话框，包括基本属性、数据来源、标注设置、曲线设置、输出信息和高级属性六个属性窗口。

1. 基本属性

"基本属性"窗口如图 5-6 所示。

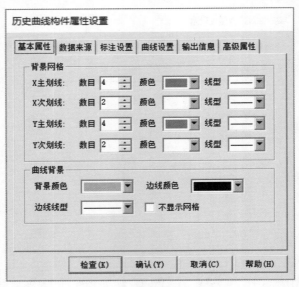

图 5-6　"基本属性"窗口

（1）背景网格：设置坐标网格的数目、颜色、线型。

（2）背景颜色：设置曲线的背景颜色（含透明色）。

（3）边线颜色：设置曲线的边线颜色。

（4）边线线型：设置曲线的边线线型。

（5）不显示网格：勾选此复选框，在构件的曲线窗口中不显示坐标网格。

2. 数据来源

"数据来源"窗口如图 5-7 所示，该属性设置组对象对应的存盘数据作为数据来源。

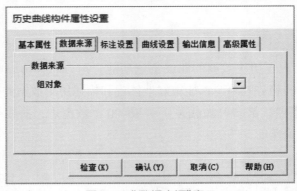

图 5-7　"数据来源"窗口

3. 标注设置

"标注设置"窗口如图 5-8 所示。

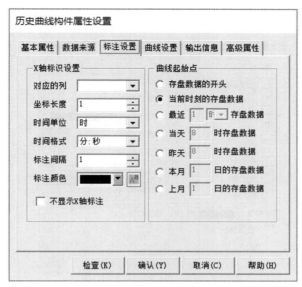

图 5-8　"标注设置"窗口

（1）X 轴标识设置：组态 X 轴坐标数据来源和坐标范围。

①对应的列：X 轴数据来源，只能选择 MCGS_Time。

②坐标长度：取值范围为 1~10000。

③时间单位：可选择年、月、天、时、分、秒。

④时间格式：组态 X 轴标注显示格式，可选择"年 – 月 – 日 时：分：秒"等格式。

⑤标注间隔：取值范围为 1~8。

⑥标注颜色以及标注字体：设置标注的颜色和字体。

⑦勾选"不显示 X 轴标注"复选框，将不显示 X 轴的标注文字。

（2）曲线起始点：设置一个时间作为历史曲线开始绘制的起点时间。

①存盘数据的开头：以数据来源中的组对象的存盘数据的开头作为曲线的起始点。

②当前时刻的存盘数据：以系统当前时间倒推一个坐标长度得出的时间作为曲线的起始点。

③最近某时存盘数据：以系统当前时间为参考点，计算距离当前时间某一时刻的时间作为曲线的起始点。

④当天某时存盘数据：以当天指定时刻的时间作为曲线的起始点。

⑤昨天某时存盘数据：以昨天指定时刻的时间作为曲线的起始点。

⑥本月某日的存盘数据：以本月指定日的零时刻的时间作为曲线的起始点。

⑦上月某日的存盘数据：以上月指定日的零时刻的时间作为曲线的起始点。

4. 曲线设置

"曲线设置"窗口如图 5-9 所示。

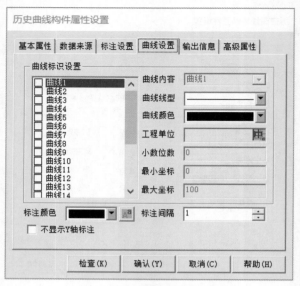

图 5-9 "曲线设置"窗口

（1）曲线内容：必须为数据来源中组对象的成员才可绘制该内容的曲线。

（2）工程单位及小数位数在输出信息中体现，该文本支持多语言。

（3）最小坐标及最大坐标设置的是该条曲线 Y 的坐标值，只能显示曲线 1 的最小值和最大值。

（4）选中"不显示 Y 轴标注"复选框，将不显示 Y 轴的标注文字。

5. 输出信息

"输出信息"窗口如图 5-10 所示。

历史曲线构件属性设置

基本属性　数据来源　标注设置　曲线设置　输出信息　高级属性

序号	曲线输出信息	输出变量		类型
01	X轴起始时间		?	字符串
02	X轴时间长度		?	控件名称：...
03	X轴时间单位		?	字符串
04	选中点时间值		?	控件名称：...
05	选中点毫秒值		?	控件名称：...
06	曲线1		?	控件名称：...
07	曲线2		?	控件名称：...
08	曲线3		?	控件名称：...
09	曲线4		?	控件名称：...
10	曲线5		?	控件名称：...
11	曲线6		?	控件名称：...
12	曲线7		?	控件名称：...

检查(K)　确认(Y)　取消(C)　帮助(H)

图 5-10 "输出信息"窗口

（1）曲线输出信息：可编辑每条曲线的输出信息，以便在曲线输出信息窗口中显示该条曲线的信息，该文本支持多语言。

（2）输出变量：可对每条曲线关联一个变量，所关联的变量类型只能为浮点数或整数，建议为浮点数，可显示小数位。在检视曲线的当前值时，可用输出型控件如编辑框、标签来显示该变量的当前值。

（3）类型：无实际意义。

6. 高级属性

"高级属性"窗口如图 5-11 所示，其中的功能为用户自定义功能，勾选某一功能的复选框则表示在运行时使用该功能，否则反之。

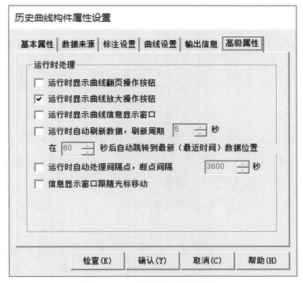

图 5-11 "高级属性"窗口

（1）运行时显示曲线翻页操作按钮：勾选此项功能复选框，表示在运行时将显示如图 5-12 所示按钮。

图 5-12 翻页操作按钮

其中：

点击 ⏮ 按钮后，曲线将向后（X 轴左端）滚动曲线一页；

点击 ⏪ 按钮后，曲线将向后（X 轴左端）滚动曲线半页；

点击 ◀ 按钮后，曲线将向后（X 轴左端）滚动一个主划线位置；

点击 ▶ 按钮后，曲线将向前（X 轴右端）滚动一个主划线位置；

点击 ⏩ 按钮后，曲线将向前（X 轴右端）滚动曲线半页；

点击■按钮后，曲线将向前（X 轴右端）滚动曲线一页；

点击■按钮后，将弹出曲线起始点时间设置对话框，可重新设置曲线的起点时间，如图 5-13 所示。

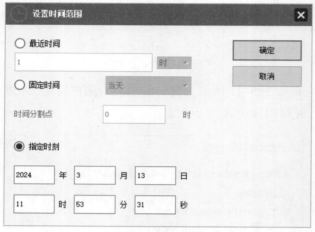

图 5-13　"设置时间范围"对话框

①最近时间：如最近 3 分钟，读取当前系统时间倒推 3 分钟的数据。

②固定时间：（时间长度为 3 分钟）如当天 9 时，读取当天 9:00:00~9:03:00 的数据。

③指定时刻：以指定时间为起点，读取设定时间长度的数据。

此对话框在弹出前，可调用 !SetDialogBy9Palace、!SetDialogByXYPosition 脚本函数改变弹出位置和窗口大小。

（2）运行时显示曲线放大操作按钮：勾选此项功能复选框，表示在运行时将显示 X 轴和 Y 轴的缩放按钮，如图 5-14 所示，可通过拖动该缩放按钮查看不同区间的曲线。

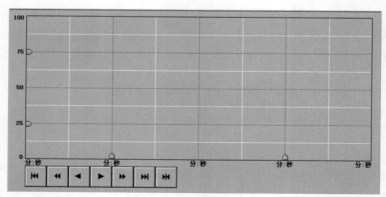

图 5-14　放大操作按钮

（3）运行时显示曲线信息显示窗口：勾选此项功能复选框，表示在运行时，当鼠标在曲线上移动，则可检视鼠标当前位置上曲线的值并输出到如图 5-15 所示的信息输出窗口上。

内容	坐标范围	当前值	单位
■ 绝对时钟	1小时	22：14	666

图 5-15　信息输出窗口

（4）运行时自动刷新数据：设置刷新周期为 t_1，在经过 t_2 时间后恢复自动刷新状态，则表示在历史状态下，曲线当前界面无任何操作的情况下，至少经过 t_2 时间后进入实时刷新状态并将最近一段 X 轴长度的历史数据刷新到界面上，而在实时状态下，每经过至少 t_1 时间就自动将最近一段 X 轴长度的历史数据刷新到界面上。

（5）运行时自动处理间隔点：设置断点间隔时间 t，表示若两个数据之间的时间差大于 t 则认为这两个点是不连续的，在绘制曲线时，不会将这两个点连成一条直线。

（6）信息显示窗口跟随光标移动：该功能只在勾选了"运行时显示曲线信息显示窗口"功能的条件下有效，表示运行时，当鼠标在曲线上移动时，信息输出窗口始终跟随光标移动。

5.3　案例：实时曲线与历史曲线

案例要求：
　　绘制实时曲线，显示 200Smart PLC VD0 和 VD4 的实时数据变化情况。绘制历史曲线，显示 200Smart PLC VD0 和 VD4 的历史数据变化情况。

扫码领案例源文件

1. 新建工程

双击电脑桌面上的 McgsPro 组态软件快捷方式📌，可以打开 McgsPro 组态软件。

选择菜单"文件"→"新建工程"，弹出"工程设置"对话框，在"HMI 配置"中，选择"TPC7032Kt"（与所用触摸屏型号一致），在"组态配置"中设置网格行高、列宽，最后单击"确定"按钮。选择菜单"文件"→"工程另存为"，将工程另存为"实时曲线与历史曲线"。

在"工作台"中激活"用户窗口"，选择"窗口 0"，单击"窗口属性"，弹出"用户窗口属性设置"窗口，在"基本属性"页，将窗口名称修改为"曲线"，点击"确认"进行保存。双击"曲线"窗口，进入动画组态画面。

2. 标签

第一步：插入标签。

在工具箱中选择标签，在窗口编辑位置按住鼠标左键拖放出一定大小后，松开鼠标左键。

第二步：修改标签属性。

双击该标签，弹出"标签动画组态属性设置"对话框，在"属性设置"页中，将填充颜色改为"没有填充"，将边线颜色改为"没有边线"，将字符颜色改为蓝色，将字体大小改为"一号"，在扩展属性页中，将文本内容输入改为"实时曲线"，点击"确认"，标签设置完成。

按照同样的操作再新建一个标签，将文本内容输入改为"历史曲线"，效果如图5-16所示。

图 5-16　标签设置效果

3. 添加实时曲线构件

从工具箱中单击实时曲线构件，在窗口编辑位置按住鼠标左键拖放出一定大小后，松开鼠标左键，这样实时曲线构件就绘制在窗口中了，如图5-17所示。

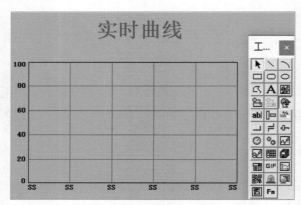

图 5-17　添加"实时曲线"构件

4. 添加历史曲线构件

从工具箱中单击历史曲线构件，在窗口编辑位置按住鼠标左键拖放出一定大小后，松开鼠标左键，这样历史曲线构件就绘制在窗口中了，如图5-18所示。

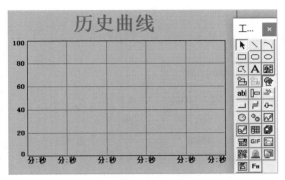

图 5-18　添加"历史曲线"构件

5. 设备组态

参考 2.1.6 节。

6. 动画连接

1）实时曲线

第一步：基本属性。

双击实时曲线构件，弹出"实时曲线构件属性设置"对话框，在"基本属性"页可做如下设置：

　　"X 主划线"数目设置为 5，颜色为紫色，线型为默认线型；

　　"X 次划线"数目设置为 1，颜色为灰色，线型为默认线型；

　　"Y 主划线"数目设置为 5，颜色为蓝色，线型为默认线型；

　　"Y 次划线"数目设置为 1，颜色为灰色，线型为默认线型；

背景颜色选择为灰色，边线颜色选择为黑色，边线线型为默认线型，如图 5–19 所示。

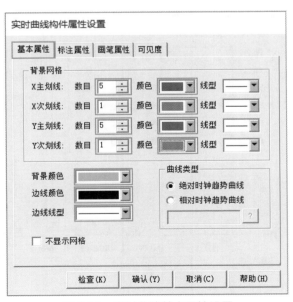

图 5-19　实时曲线基本属性设置

第二步：标注属性。

在"标注属性"中做如下设置，如图 5-20 所示。

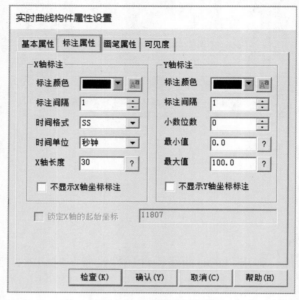

图 5-20　标注属性设置

第三步：画笔属性。

在"画笔属性"中做如下设置，如图 5-21 所示。

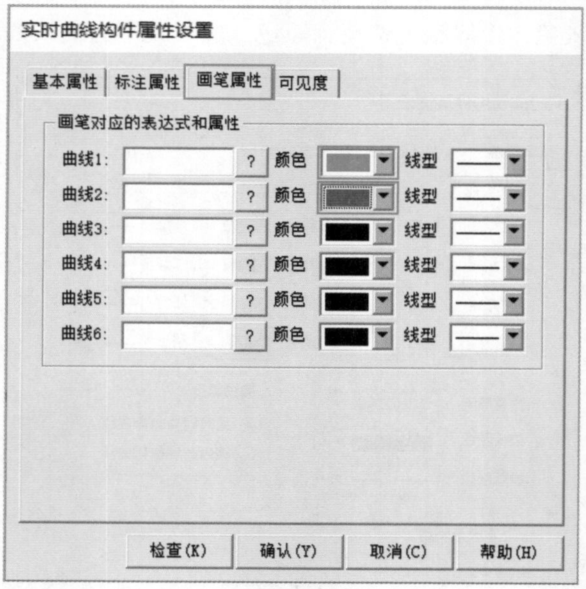

图 5-21　画笔属性设置(1)

第四步：关联曲线的表达式。

点击曲线 1 后对应的图标 ? 进入"变量选择"对话框，如图 5–22 所示。选择"根据采集信息生成"；"通道类型"选择"V 数据寄存器"；"数据类型"选择"32 位 浮点数"；"通道地址"选择"0"；"读写类型"选择"读写"；设置完成后点击"确认"。即曲线 1 与 VD0 关联成功。

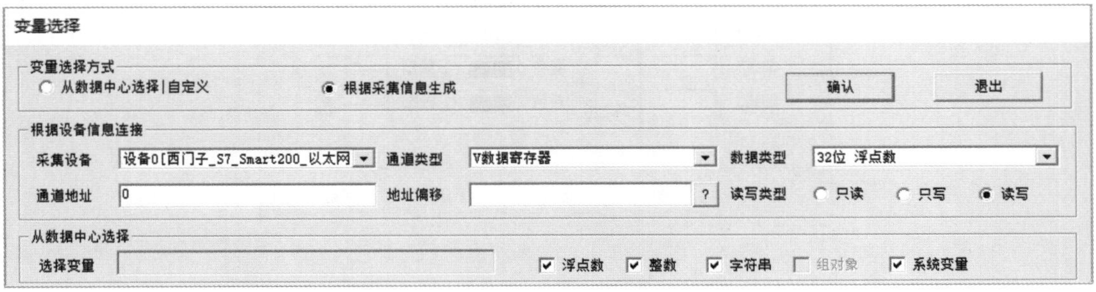

图 5-22　连接变量 VD0

点击曲线 2 后对应的图标 ? 进入"变量选择"对话框，如图 5–23 所示。选择"根据采集信息生成"；"通道类型"选择"V 数据寄存器"；"数据类型"选择"32 位 浮点数"；"通道地址"选择"4"；"读写类型"选择"读写"；设置完成后点击"确认"。即曲线 2 与 VD4 关联成功。

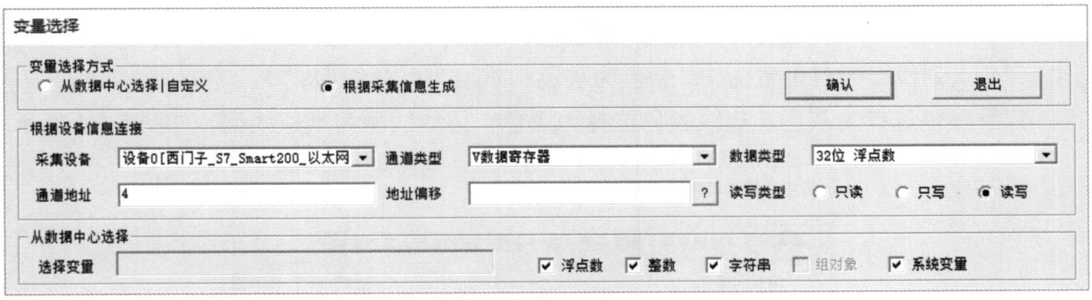

图 5-23　连接变量 VD4

连接变量后，如图 5–24 所示，点击"确认"，实时曲线构件属性设置完成。

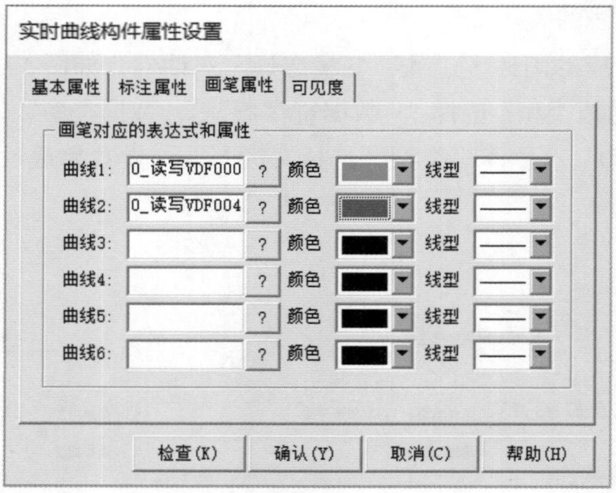

图 5-24　画笔属性设置(2)

2）历史曲线

第一步： 基本属性。

双击历史曲线构件，打开"历史曲线构件属性设置"对话框，在"基本属性"页可做如下设置：

"X 主划线"数目设置为 5，颜色为紫色，线型为默认线型；

"X 次划线"数目设置为 1，颜色为灰色，线型为默认线型；

"Y 主划线"数目设置为 5，颜色为蓝色，线型为默认线型；

"Y 次划线"数目设置为 1，颜色为灰色，线型为默认线型；

背景颜色选择为灰色，边线颜色选择为黑色，边线线型为默认线型，如图 5-25 所示。

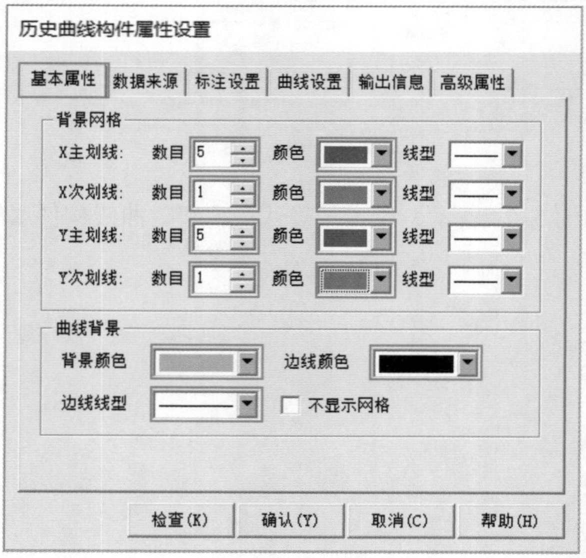

图 5-25　历史曲线基本属性设置

第二步：数据来源。

在"数据来源"中选择"组对象"，此时"组对象"中没有选项，如图 5-26 所示。点击"确认"。

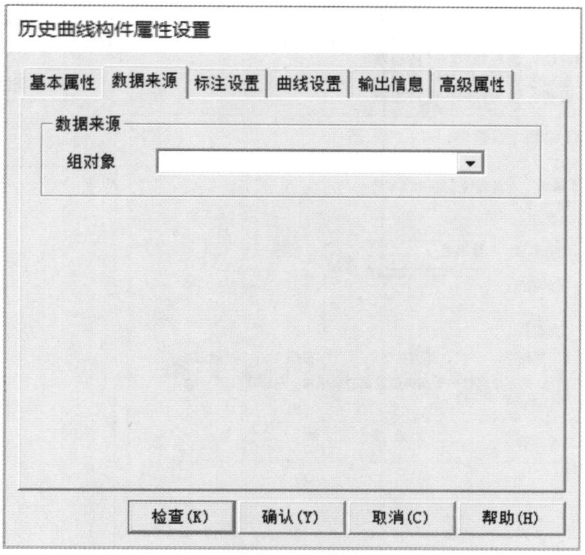

历史曲线构件属性设置

基本属性｜数据来源｜标注设置｜曲线设置｜输出信息｜高级属性

数据来源

组对象　[　　　　　　　　　　　　▼]

检查(K)　　确认(Y)　　取消(C)　　帮助(H)

图 5-26　数据来源

"组对象"设置步骤如下。

①单击"工作台"按钮，返回工作台，在"工作台"中点击"实时数据库"，再点击"新增对象"。操作步骤如图 5-27 所示。

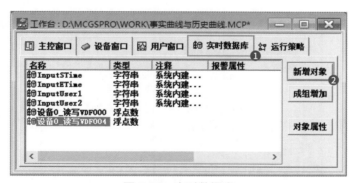

图 5-27　实时数据库

②双击新增对象"设备 0_读写 VDF005"，弹出"数据对象属性设置"对话框，点击"基本属性"。"对象名称"设置为"数据组"，"对象类型"设置为"组对象"，如图 5-28 所示。

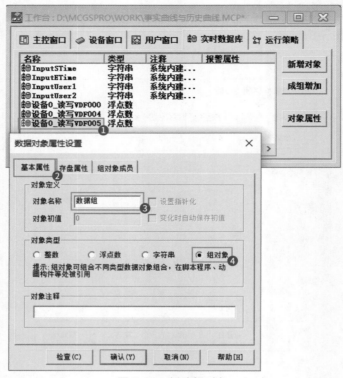

图 5-28 新建组对象

③点击"存盘属性"。"存盘方式"设置为"定时存储到内存（掉电清除）"，"存盘参数"中的"存储周期"设置为"10"，如图 5–29 所示。

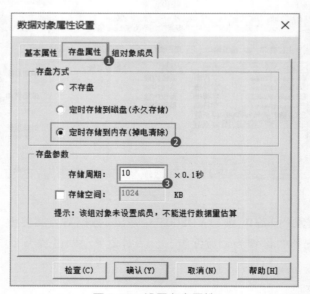

图 5-29 设置存盘属性

④点击"组对象成员"，将"数据对象列表"中的 VDF000、VDF004 添加到"组对象成员列表"，如图 5-30 所示。

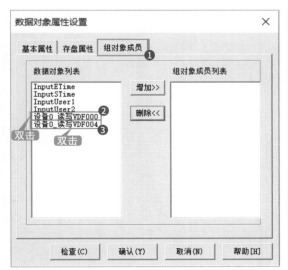

图 5-30　添加组对象成员

⑤组对象属性设置完成后点击"确认"，"实时数据库"窗口如图 5-31 所示。

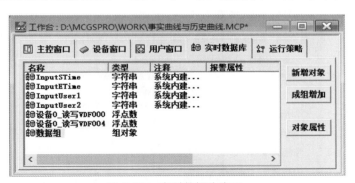

图 5-31　实时数据库窗口

⑥在"工作台"中选择"用户窗口"，双击"曲线"窗口，打开"曲线"画面，双击历史曲线构件，弹出"历史曲线构件属性设置"对话框，在"数据来源"中选择"组对象"，"组对象"设置为"数据组"，如图 5-32 所示。

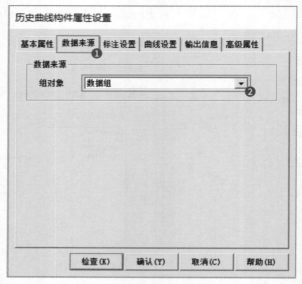

图 5-32　数据来源设置

第三步：标注设置。

在"标注设置"中做如下设置，如图 5-33 所示。

历史曲线构件属性设置

基本属性　数据来源　标注设置　曲线设置　输出信息　高级属性

X轴标识设置

对应的列　MCGS_Time
坐标长度　1
时间单位　秒
时间格式　分:秒
标注间隔　1
标注颜色　■
☐ 不显示X轴标注

曲线起始点

○ 存盘数据的开头
● 当前时刻的存盘数据
○ 最近　1　日　存盘数据
○ 当天　8　时存盘数据
○ 昨天　8　时存盘数据
○ 本月　1　日的存盘数据
○ 上月　1　日的存盘数据

检查(K)　确认(Y)　取消(C)　帮助(H)

图 5-33　标注设置

第四步：曲线属性设置。

在"曲线设置"中需要添加两条曲线，设置如下：勾选"曲线1"，"曲线内容"关联 VDF000，"曲线颜色"设置为红色（见图 5-34）；勾选"曲线2"，"曲线内容"关联 VDF004，"曲线颜色"设置为蓝色（见图 5-35）。

图 5-34　曲线 1 设置

图 5-35　曲线 2 设置

第五步：高级属性。

按照图 5-36 所示步骤来修改历史曲线高级属性。

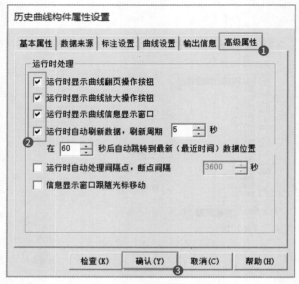

图 5-36 高级属性设置

7. 在线调试

第一步：核对 TPC 与 PLC 变量的对应关系，如表 5-1 所示。

表 5-1 TPC 与 PLC 变量的对应关系

TPC 变量	曲线 1	曲线 2
PLC 变量	VD0	VD4

第二步：编写 PLC 程序，如图 5-37 所示。

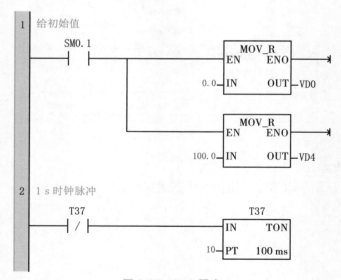

图 5-37 PLC 程序

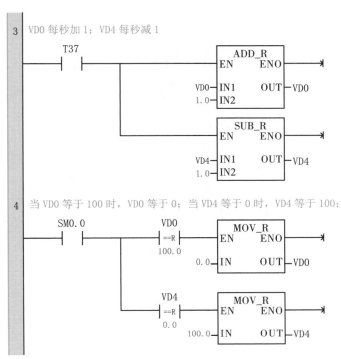

3　VD0 每秒加 1；VD4 每秒减 1

4　当 VD0 等于 100 时，VD0 等于 0；当 VD4 等于 0 时，VD4 等于 100；

续图 5-37

第三步：PLC 程序下载。

将 PLC 程序从电脑下载到 PLC 中，参考 1.7 节。

（1）模拟运行。

在 McgsPro 组态环境软件中，选择菜单"工具"→"下载工程"或点击工具条中的下载按钮（或按 F5），进入"下载配置"，运行方式选择"模拟"，点击"工程下载"，等待工程下载。

工程下载完成后，点击"启动运行"，启动触摸屏，运行工程。

测试功能是否正常。

①实时曲线画面如图 5-38 所示。

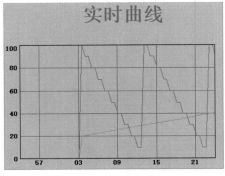

图 5-38　实时曲线画面

②历史曲线画面如图 5-39 所示。

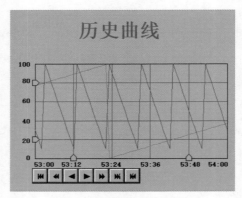

图 5-39　历史曲线画面

（2）触摸屏程序下载。

将触摸屏与电脑用网线连接，将工程下载到触摸屏，参考 1.7 节。

（3）触摸屏与 PLC 连接。

触摸屏与 PLC 连接参考 1.7 节。

第 6 章　MCGS 的报表

6.1　报表

在实际工程应用中，大多数监控系统需要对数据采集设备采集的数据进行存盘、统计、分析，根据实际需要以数据报表格式将统计分析后的数据显示并打印出来，以便对系统监控对象的状态进行综合记录和规律总结。数据报表是工控系统中必不可少的一部分，是整个工控系统的最终输出结果。实际中常用的报表形式有实时数据报表和历史数据报表（班报表、日报表、月报表）等。

报表的创建步骤：选择工具箱，从工具箱中单击报表构件，在窗口编辑位置按住鼠标左键拖放出一定大小后，松开鼠标左键，这样一个报表构件就绘制在窗口中了，如图 6-1 所示。

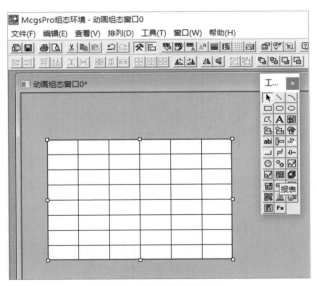

图 6-1　添加"报表"构件

双击报表构件，表格周围浮现出一个框，表格上方的直线和位图被暂时放到表格下面，进入表格编辑模式，如图 6-2 所示。

图 6-2　表格编辑模式

表格编辑菜单和表格编辑工具条如图 6-3 所示。

| 添加数据连接 |
| 清除数据连接 |
| 设置单元格格式 |
| 颜色动画连接 |
| 增加一行 |
| 删除一行 |
| 增加一列 |
| 删除一列 |
| 索引拷列 |
| 索引拷行 |
| 拷到下列 |
| 拷到下行 |
| 合并表元[M] |
| 分解表元[B] |

图 6-3　表格编辑菜单和表格编辑工具条

表格编辑菜单和表格编辑工具条可用以下基本编辑方法实现表格结构的组态。

（1）单击某单元格，选中的单元格上有黑框显示。

（2）在某个单元格上按下鼠标左键后拖动鼠标可选择多个单元格。选中的单元格区域周围有黑框显示，第一个单元格反白显示，其他单元格反黑显示。

（3）单击行或列索引条（报表中标识行或列的灰色单元格）可选择整行或整列。

（4）单击报表左上角的固定单元格可选择整个报表。

（5）允许通过拖动鼠标来改变行高、列宽。将鼠标移动到固定行或固定列之间的分割线上，鼠标指针变为双向黑色箭头时，按下鼠标左键并拖动，可修改行高、列宽。

（6）可以使用表格编辑工具条中的对齐按钮来进行单元格的对齐设置。

（7）可以使用合并单元格和拆分单元格来进行单元格的合并与拆分。

（8）当选定一个单元格时，可以使用字体设置按钮来设置该单元格内文本的字体和颜色，可以使用填充色来设置单元格内的背景颜色。

（9）通过边线按钮组，可以设置单元格边线的线型和颜色。通过边线消隐按钮组，可以选择显示或隐藏单元格边线。

（10）可以使用"编辑"菜单中的"复制""剪切""粘贴"命令或者组态工具条上的复制、剪切和粘贴按钮来进行单元格内容的编辑。

在表格的编辑模式下，单击选中单元格就可以显示界面组态，显示界面组态有输入文本和输入格式化字符串两种方式。

6.2　报表案例

扫码领案例源文件

案例要求：
绘制报表，显示 200Smart PLC VD0 和 VD4 的实时数据变化情况。

1. 新建工程

双击电脑桌面上的 McgsPro 组态软件快捷方式，可以打开 McgsPro 组态软件。

选择菜单"文件"→"新建工程"，弹出"工程设置"对话框，在"HMI 配置"中，选择"TPC7032Kt"（与所用触摸屏型号一致），在"组态配置"中设置网格行高、列宽，最后单击"确定"按钮。选择菜单"文件"→"工程另存为"，将工程另存为"报表"。

在"工作台"中激活"用户窗口"，选择"窗口 0"，单击"窗口属性"，弹出"用户窗口属性设置"窗口，在"基本属性"页，将窗口名称修改为"报表"，点击"确认"进行保存。弹出"McgsPro 组态环境"窗口，点击"确定"。

2. 报表

第一步：添加报表构件。

从工具箱中单击报表构件，在窗口编辑位置按住鼠标左键拖放出一定大小后，松开鼠标左键，这样报表构件就绘制在窗口中，如图 6-4 所示。

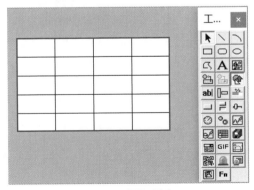

图 6-4　添加报表

第二步：添加文本。

双击报表构件，报表界面呈现编辑状态，R 代表行，C 代表列。R1/C1 单元格添加文本为"数据 1"。R2/C1 单元格添加文本为"数据 2"，点击其他的单元格保存文本内容，如图 6-5 所示。

	C1	C2	C3	C4
R1	数据1			
R2	数据2			
R3				
R4				
R5				

图 6-5　添加文本

3. 设备组态

参考 2.1.6 节。

4. 动画连接

双击报表构件，报表界面呈现编辑状态，需要添加数据 1 和数据 2 的表达式，即数据 1 关联地址 VDF000，数据 2 关联地址 VDF004。

以 R1/C2 单元格为例说明操作步骤。

选中单元格，单击鼠标右键，选择"添加数据连接"，弹出"添加数据连接"对话框，在"数据来源"中选择"表达式"，如图 6-6 和图 6-7 所示。

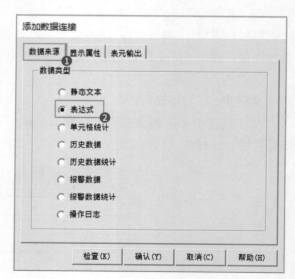

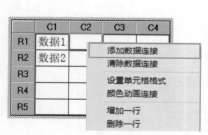

图 6-6　添加数据连接

图 6-7　选择表达式

在"显示属性"中选择"表达式"进行地址关联，如图 6-8 所示。点击表达式栏右侧的图标 ? ，进入"变量选择"对话框，如图 6-9 所示。

选择"根据采集信息生成";"通道类型"选择"V 数据寄存器";"数据类型"选择"32位 浮点数";"通道地址"选择"0";"读写类型"选择"读写";设置完成后点击"确认"。即 R1/C2 单元格与 VD0 关联成功。

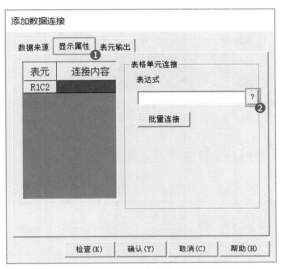

图 6-8　连接变量 VD0

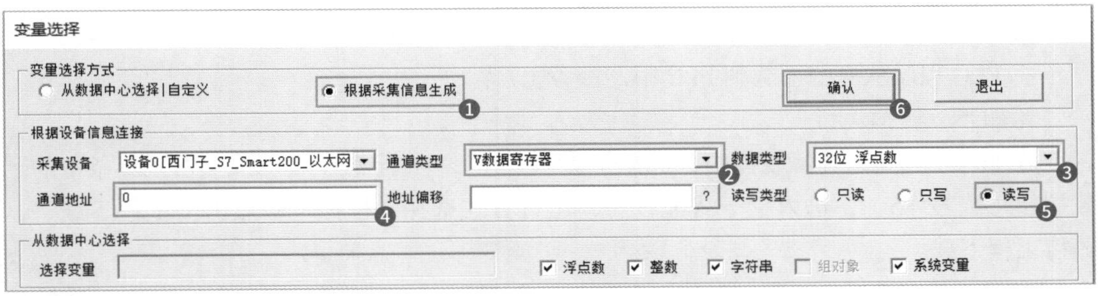

图 6-9　连接变量 VD0

选择单元格 R2/C2，按照相同的操作，关联地址 VDF004，在"变量选择"中，将"通道地址"改为"4"，报表效果如图 6-10 所示。

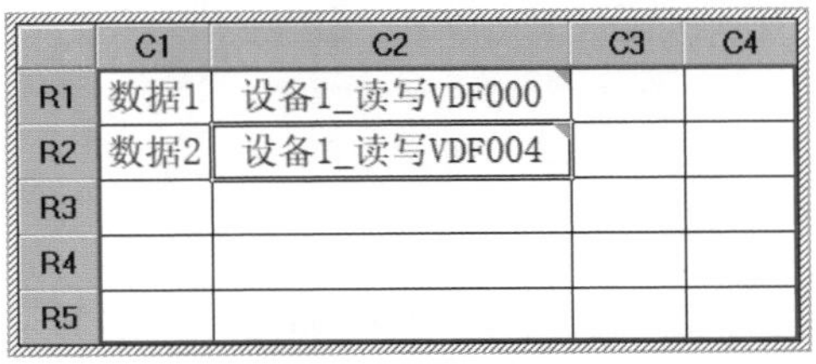

	C1	C2	C3	C4
R1	数据1	设备1_读写VDF000		
R2	数据2	设备1_读写VDF004		
R3				
R4				
R5				

图 6-10　报表效果

双击报表构件，报表界面呈现编辑状态，在多余的单元格中单击鼠标右键，可以删除多余的行和列，如图 6-11 所示。

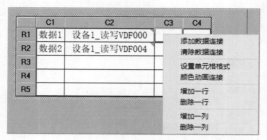

图 6-11　删除行和列

5. 在线调试

第一步：核对 TPC 与 PLC 变量的对应关系，如表 6-1 所示。

表 6-1　TPC 与 PLC 变量的对应关系

TPC 变量	数据 1	数据 2
PLC 变量	VD0	VD4

第二步：编写 PLC 程序。

参考 5.3 节。

第三步：PLC 程序下载。

将 PLC 程序从电脑下载到 PLC 中，参考 1.7 节。

第四步：模拟运行。

在 McgsPro 组态环境软件中，选择菜单"工具"→"下载工程"或点击工具条中的下载按钮（或按 F5），进入"下载配置"，运行方式选择"模拟"，点击"工程下载"，等待工程下载。

工程下载完成后，点击"启动运行"，启动触摸屏，运行工程。实时数据报表如图 6-12 所示。

数据1	84
数据2	16

图 6-12　模拟运行

第五步：触摸屏程序下载。

将触摸屏与电脑用网线连接，将工程下载到触摸屏，参考 1.7 节。

第六步：触摸屏与 PLC 连接。

触摸屏与 PLC 连接参考 1.7 节。

6.3　存盘数据浏览

存盘数据浏览构件的功能为对历史数据和历史报警数据进行浏览和操作。具体方法是在"数据来源"中选择存盘组对象进行关联，并且与"显示属性"中的数据列与组对象中的成员进行关联。这种方式可以对历史存盘数据进行浏览和操作。

与历史数据进行关联时，存盘数据浏览构件支持时间筛选功能，在组态的构件属性页进行配置。

存盘数据浏览构件还提供了部分命令，用于更好地浏览数据、设置外观和获取变量值。

6.4　案例:存盘数据浏览

扫码领案例源文件

案例要求:
绘制存盘数据浏览构件，显示 200Smart PLC VD0 和 VD4 的历史数据变化情况。

1.打开案例
打开 6.2 节的案例，在"工作台"中激活"用户窗口"，双击"报表"窗口，打开动画组态画面。

2.存盘数据浏览
第一步:添加存盘数据浏览构件。

从工具箱中单击存盘数据浏览构件,在窗口编辑位置按住鼠标左键拖放出一定大小后,松开鼠标左键,这样存盘数据浏览构件就绘制在窗口中,如图 6-13 所示。

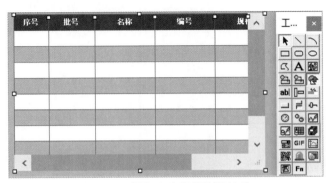

图 6-13　添加存盘数据浏览构件

第二步：基本属性设置。

双击打开"存盘数据浏览构件属性设置"对话框，在"基本属性"中做如图 6-14 所示设置。

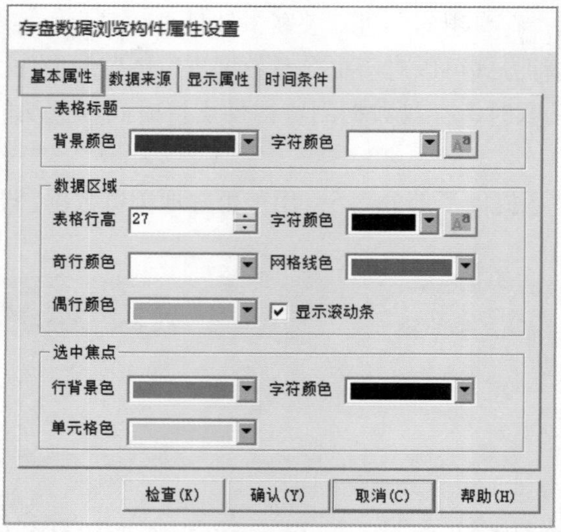

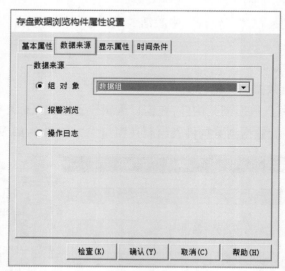

图 6-14　基本属性设置

第三步：数据来源设置。

在"数据来源"中选择"数据组"，如图 6-15 所示。

图 6-15　数据来源设置

第四步：显示属性设置。

在"显示属性"中添加数据 1 和数据 2 的表达式，设置如下：

在序号"000"这一行中，"数据列名"选择"MCGS 序号"；在序号"001"这一行中，"数据列名"选择"MCGS_Time"；在序号"002"这一行中，"数据列名"选择 VDF000，"显示标题"设置为"数据 1"；在序号"003"这一行中，"数据列名"选择 VDF004，"显示标题"设置为"数据 2"；将多余的列号删除，如图 6-16 所示。

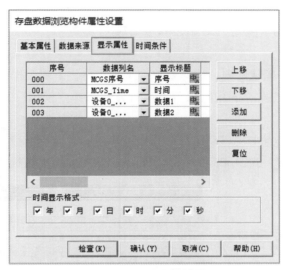

图 6-16　显示属性设置

第五步：时间条件设置。

在"时间条件"中做如下设置，如图 6-17 所示。

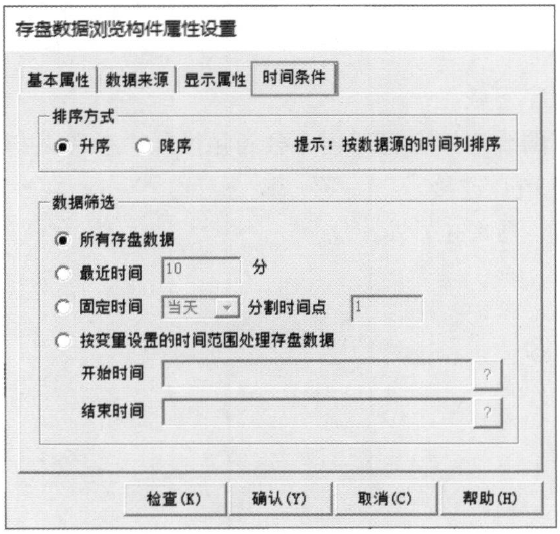

图 6-17　时间条件设置

3. 在线调试

第一步：核对 TPC 与 PLC 变量的对应关系，如表 6-1 所示。

第二步：编写 PLC 程序。

参考 5.3 节。

第三步：PLC 程序下载。

将 PLC 程序从电脑下载到 PLC 中，参考 1.7 节。

第四步：模拟运行。

在 McgsPro 组态环境软件中，选择菜单"工具"→"下载工程"或点击工具条中的下载按钮（或按 F5），进入"下载配置"，运行方式选择"模拟"，点击"工程下载"，等待工程下载。

工程下载完成后，点击"启动运行"，启动触摸屏，运行工程。

测试功能是否正常，2024–03–26 16:42:56–16:44:01 的历史数据如图 6-18 所示。

数据1	54
数据2	46

序号	时间	数据1	数据2
11.00	2024-03-26 16:42:56	30.00	70.00
12.00	2024-03-26 16:42:57	31.00	69.00
13.00	2024-03-26 16:43:17	50.00	50.00
14.00	2024-03-26 16:43:18	51.00	49.00
15.00	2024-03-26 16:43:19	52.00	48.00
16.00	2024-03-26 16:43:58	92.00	8.00
17.00	2024-03-26 16:43:59	93.00	7.00
18.00	2024-03-26 16:44:00	94.00	6.00
19.00	2024-03-26 16:44:01	95.00	5.00

图 6-18　模拟运行

第五步：触摸屏程序下载。

将触摸屏与电脑用网线连接，将工程下载到触摸屏，参考 1.7 节。

第六步：触摸屏与 PLC 连接。

触摸屏与 PLC 连接，参考 1.7 节。

第 7 章　报警条和报警浏览

7.1　McgsPro 的报警处理机制

McgsPro 组态软件把报警处理作为数据对象的属性，封装在数据对象内，由实时数据库在运行时自动处理。当数据对象的值或状态发生改变时，实时数据库判断对应的数据对象是否发生了报警或已产生的报警是否已经结束，并把所产生的报警信息通知给系统的其他部分，同时，实时数据库根据用户的组态设定，把报警信息存入指定的存盘数据库文件中。

实时数据库只负责关于报警的判断、通知和存储三项工作，而报警产生后所要进行的其他处理操作（即对报警动作的响应），则需要设计者在组态时制订方案，例如希望在报警产生时，打开一个指定的用户窗口，或者显示和该报警相关的信息等。

7.2　定义报警

在处理报警之前必须先定义报警，在实时数据库中，对该对象进行报警处理；然后要正确设置报警限值或报警状态。

数值型数据对象的报警方式有多种，用户可根据不同的控制设备和要求进行不同的设置，如图 7-1 所示。

开关型数据对象的报警方式有多种，如图 7-2 所示。

事件型数据对象不进行报警限值或状态设置，当对应的事件产生时报警也就产生，事件型数据对象报警的产生和结束是同时完成的。

字符型数据对象和组对象不能设置报警属性，但对组对象而言，所包含的成员可以单独设置报警方式。组对象一般可以用来对报警进行分类管理，以方便系统其他部分对同类报警进行处理。当报警信息产生时，可以设置报警信息是否需要自动存盘，设置操作需要在数据对象的存盘属性中完成。

图 7-1　数值型数据对象报警属性设置窗口　　图 7-2　开关型数据对象报警属性设置窗口

7.3　数据组对象

　　数据组对象是 McgsPro 组态软件引入的一种特殊类型的数据对象,类似于一般编程语言中的数组和结构体,用于把相关的多个数据对象集合在一起,作为一个整体来定义和处理。例如:描述一个锅炉控制系统的工作状态的物理量有温度、压力、液位三个,为便于处理,定义"锅炉参数"为一个组对象,用来表示锅炉的工作状态;其内部成员则由上述物理量对应的数据对象组成,这样,在对"锅炉"对象进行处理(如进行组态存盘、曲线显示,报警显示)时,只需指定组对象的名称"锅炉参数",就可以处理其包括的所有成员。

　　数据组对象是单一数据对象的集合,一般包含两个以上的数据对象,但不能包含其他的数据组对象。一个数据对象可以是多个不同组对象的成员。把一个对象的类型定义成组对象后,还必须定义组对象所包含的成员。组对象没有工程单位、最大值、最小值属性,组对象本身没有报警属性。

7.4　案例:报警条与报警浏览

扫码领案例源文件

案例要求:
　　当温度高于设定温度时发出温度上限报警,当温度低于设定温度时发出温度下限报警。当液位高于设定液位时提示水满了,当液位低于设定液位时提示没水了。

1. 新建工程

双击电脑桌面上的 McgsPro 组态软件快捷方式，可以打开 McgsPro 组态软件。选择菜单"文件"→"新建工程"，弹出"工程设置"对话框，在"HMI 配置"中，选择"TPC7032Kt"（与所用触摸屏型号一致），在"组态配置"中设置网格行高、列宽，最后单击"确定"按钮。选择菜单"文件"→"工程另存为"，将工程另存为"报警条与报警浏览"。

在"工作台"中激活"用户窗口"，接下来选择"窗口 0"，单击"窗口属性"，弹出"用户窗口属性设置"窗口，在"基本属性"页，将窗口名称修改为"报警画面"，点击"确认"进行保存。双击"报警画面"窗口，进入动画组态画面。

2. 标签

第一步：插入标签。

在工具箱中选择标签 **A**，在窗口编辑位置按住鼠标左键拖放出一定大小后，松开鼠标左键。

第二步：修改标签属性。

双击该标签，弹出"标签动画组态属性设置"对话框，在"属性设置"页中，将填充颜色改为"没有填充"，将边线颜色改为"没有边线"，将字符颜色改为黑色，将字体大小改为"四号"，在扩展属性中，将文本内容输入改为"温度"，单击"确认"保存设置。

按照相同的操作，插入标签，将文本内容输入改为"液位"。标签效果如图 7-3 所示。

图 7-3　标签效果

3. 输入框

第一步：插入输入框。

在工具箱中选择输入框 **abl**，在窗口编辑位置按住鼠标左键拖放出一定大小后，松开鼠标左键。

第二步：修改输入框属性。

双击该输入框，弹出"输入框构件属性设置"对话框，在"基本属性"页中，将"字符"大小改为"四号"，单击"确认"保存设置。

按照相同的操作，插入输入框，效果如图 7-4 所示。

图 7-4　输入框效果

4. 插入报警条

在工具箱中选择报警条，在窗口编辑位置按住鼠标左键拖放出一定大小后，松开鼠标左键，效果如图 7-5 所示。

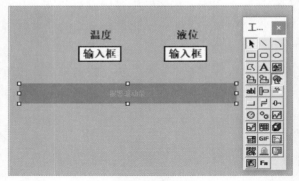

图 7-5　插入报警条

5. 插入报警浏览

在工具箱中选择报警浏览，在窗口编辑位置按住鼠标左键拖放出一定大小后，松开鼠标左键，效果如图 7-6 所示。

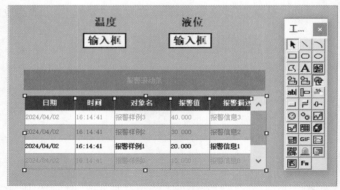

图 7-6　插入报警浏览

6. 设备组态

参考 2.1.6 节。

7. 动画连接

点击"工作台"按钮，返回"工作台"窗口，在"工作台"窗口中，激活"用户窗口"，双击"报警画面"窗口，进入动画组态界面。

1）输入框

双击输入框构件（温度），弹出"输入框构件属性设置"对话框，在"操作属性"页，单击"对应数据对象的名称"下面的按钮 ，弹出"变量选择"对话框，选择"根据采集信息生成"，"通道类型"选择"V 数据寄存器"，"数据类型"选择"32 位 浮点数"，

"通道地址"为"0"，"读写类型"选择"读写"。设置完成后点击"确认"保存。其他设置如图 7-7 所示。

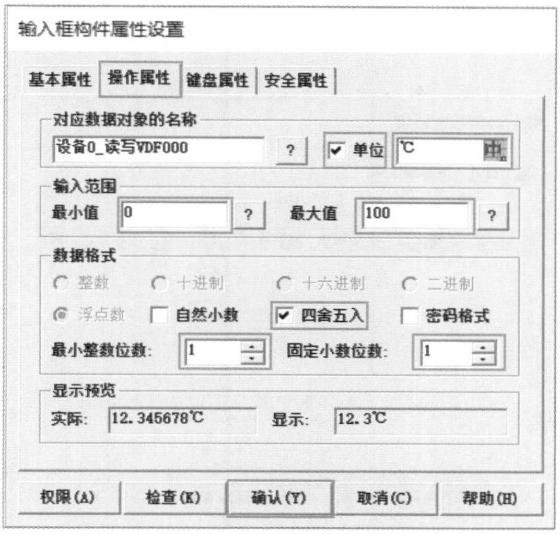

图 7-7 输入框（温度）操作属性设置

双击输入框构件（液位），弹出"输入框构件属性设置"对话框，在"操作属性"页，单击"对应数据对象的名称"下面的按钮 ?，弹出"变量选择"对话框，选择"根据采集信息生成"，"通道类型"选择"V 数据寄存器"，"数据类型"选择"32 位 浮点数"，"通道地址"为"4"，"读写类型"选择"读写"。设置完成后点击"确认"保存。其他设置如图 7-8 所示。

图 7-8 输入框（液位）操作属性设置

单击"工作台"按钮，返回"工作台"窗口，选择"实时数据库"选项卡，双击"设备0_读写VDF000"，打开"数据对象属性设置"对话框，如图7-9所示，单击"报警属性"选项卡，在空白处单击鼠标右键，在弹出的快捷单中单击"追加"，弹出新增报警属性设置窗口。

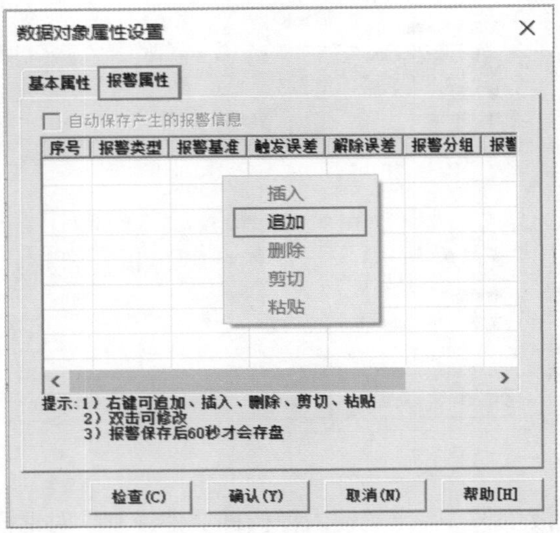

图7-9　报警属性设置

在新增报警属性设置窗口中，报警类型选中"上限"，把报警值设为90，报警描述为"温度上限报警"，单击"确认"保存设置。

用同样的方法新增另一条报警属性，在新增报警属性设置窗口中，报警类型选中"下限"，把报警值设为10，报警描述为"温度下限报警"，单击"确认"保存设置。设置完后单击"确认"保存设置，如图7-10所示。

图7-10　数据对象属性设置

　　双击"设备 0_ 读写 VDF004"，打开"数据对象属性设置"对话框，单击"报警属性"选项卡，用同样的方法新增另一条报警属性，在新增报警属性设置窗口中，报警类型选中"上限"，把报警值设为 90，报警描述为"水满了"，单击"确认"保存设置。

　　用同样的方法新增另一条报警属性，在新增报警属性设置窗口中，报警类型选中"下限"，把报警值设为 10，报警描述为"没水了"，单击"确认"保存设置。设置完后单击"确认"保存设置。

　　在"实时数据"选项卡中单击"新增对象"，右键单击该对象，在弹出的快捷菜单中单击"属性"命令，打开"数据对象属性设置"对话框，在"基本属性"选项卡中，选择对象类型为"组对象"，对象名称为"报警组"，在"组对象成员"选项卡中选择左边"数据对象列表"中的"设备 0_ 读写 VDF000"，单击"增加 >>"按钮，将其增加到右边"组对象成员列表"中，使用同样的方法再增加"设备 0_ 读写 VDF004"，单击"确认"保存设置，如图 7-11 所示。

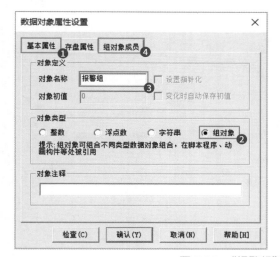

图 7-11　"报警组"组对象的建立和设置

　　单击"工作台"按钮，返回"工作台"窗口，在"工作台"窗口中，激活"用户窗口"，双击"报警窗口"，进入动画组态界面。

　　双击报警条构件，弹出报警条属性设置窗口，在"基本属性"中，单击报警对象下面的按钮 ? ，弹出"变量选择"窗口，选择"从数据中心选择|自定义"，选择对象名"报警组"，单击"确认"保存，如图 7-12 所示。

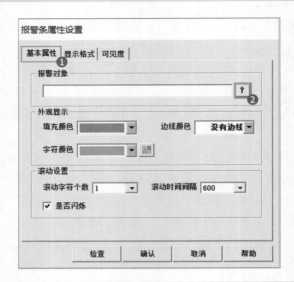

图 7-12 基本属性设置

在"显示格式"中，按图7-13设置，单击"确认"保存设置。

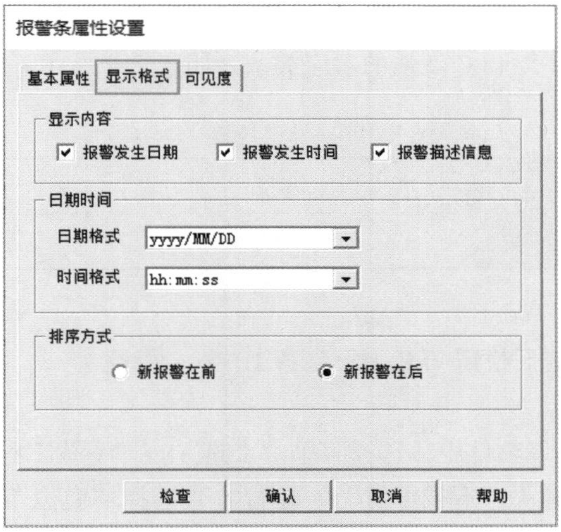

图 7-13 显示格式设置

2）报警浏览构件

双击报警浏览构件，弹出"报警浏览构件属性设置"窗口，如图 7-14 所示，在"数据来源"中，选择"实时报警数据"，单击报警对象右边的按钮 ? ，弹出"变量选择"窗口，选择"从数据中心选择 I 自定义"，选择对象名"报警组"，单击"确认"保存。

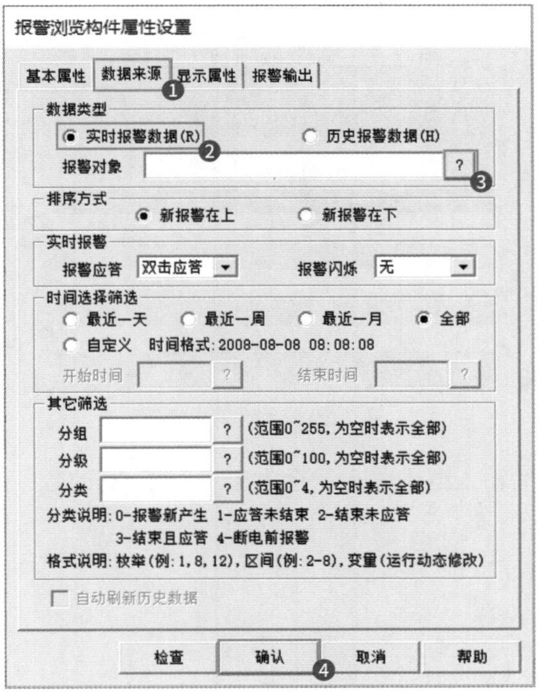

图 7-14 数据来源设置

8. 在线调试

第一步：核对 TPC 与 PLC 变量的对应关系，如表 7-1 所示。

表 7-1　TPC 与 PLC 变量的对应关系

TPC 变量	温度	液位
PLC 变量	VD0	VD4

第二步：PLC 程序下载。

将 PLC 程序从电脑下载到 PLC 中，参考 1.7 节。

第三步：模拟运行。

在 McgsPro 组态环境软件中，选择菜单"工具"→"下载工程"或点击工具条中的下载按钮（或按 F5），进入"下载配置"，运行方式选择"模拟"，点击"工程下载"，等待工程下载。

工程下载完成后，点击"启动运行"，启动触摸屏，运行工程。

测试功能是否正常。

（1）在温度下面的输入框中输入一个小于或等于 10 的数，如 9.0，显示温度下限报警，如图 7-15 所示。

图 7-15　温度下限报警

（2）在温度下面的输入框中输入一个大于或等于 90 的数，如 95.0，显示温度上限报警，如图 7-16 所示。

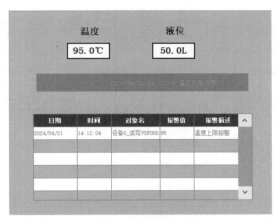

图 7-16 温度上限报警

（3）在液位下面的输入框中输入一个小于或等于 10.0 的数，如 9.0 ，显示没水了，如图 7-17 所示。

（4）在液位下面的输入框中输入一个大于或等于 90 的数，如 95.0 ，显示水满了，如图 7-18 所示。

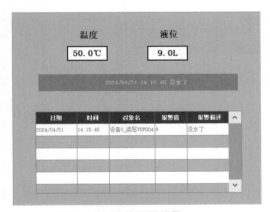

图 7-17 液位下限报警

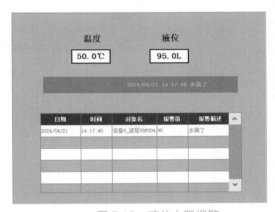

图 7-18 液位上限报警

第四步： 触摸屏程序下载。

将触摸屏与电脑用网线连接，将工程下载到触摸屏，参考 1.7 节。

第五步： 触摸屏与 PLC 连接。

触摸屏与 PLC 连接，参考 1.7 节。

第 8 章　McgsPro 的用户权限

8.1　定义用户和用户组

1. "用户管理器"对话框

在 McgsPro 组态软件的组态环境中，选择"工具"菜单→"用户权限管理"命令，弹出图 8-1 所示的"用户管理器"对话框。

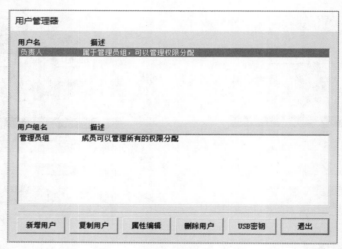

图 8-1　"用户管理器"对话框

在 McgsPro 组态软件中，固定只有一个名为"管理员组"的用户组和一个名为"负责人"的用户。管理员组中的用户有权在运行时管理所有的权限分配工作，管理员组的这些特性是由 McgsPro 组态软件系统决定的，其他所有用户组都没有这些权力。

"用户管理器"对话框上半部分为已建用户的用户名列表，下半部分为已建用户组名的列表。当用鼠标激活用户名列表时，窗口底部显示的按钮是"新增用户""复制用户""属性编辑""删除用户"等对用户操作的按钮；当用鼠标激活用户组名列表时，在窗口底部显示的按钮是"新增用户组""属性编辑""删除用户组"等对用户组操作的按钮。

2. 新增用户组

（1）在"用户管理器"对话框中，选中"负责人"，单击"属性编辑"按钮，按图 8-2 所示设置密码。

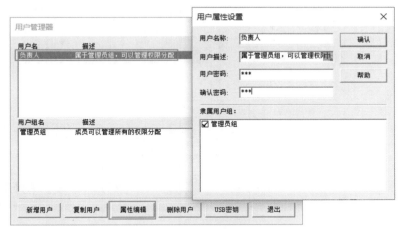

图 8-2　设置用户密码

（2）将鼠标放置在"用户管理器"对话框的下半部分，出现"新增用户组"按钮后，单击"新增用户组"按钮，弹出"用户组属性设置"对话框，输入用户组名称和用户组描述，勾选用户组成员中的"负责人"，单击"确认"按钮，如图 8-3 所示。

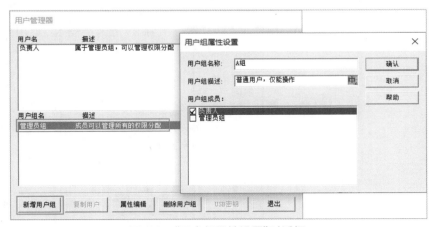

图 8-3　"用户组属性设置"对话框

3. 新增用户

将鼠标放置在"用户管理器"对话框的上半部分，出现"新增用户"按钮后，单击"新增用户"按钮，弹出"用户属性设置"对话框，在该对话框中输入用户名称和用户描述，用户密码要输入两遍，用户所隶属的用户组在其下的列表框中选择，如图 8-4 所示。

当在"用户管理器"对话框中单击"属性编辑"按钮时会弹出同样的窗口，可以修改用户密码及其所属的用户组，但不能够修改用户名。

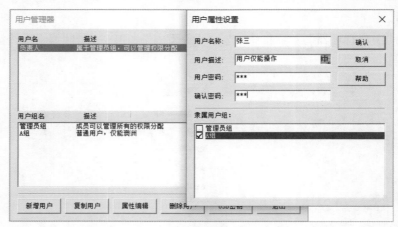

图 8-4　"用户属性设置"对话框

8.2　权限设置

为保证工程安全、稳定可靠地工作,防止与工程系统无关的人员进入或退出工程系统,McgsPro 组态软件提供了对工程运行时进入和退出工程的权限管理。

打开 McgsPro 组态软件的组态环境,在"主控窗口"选项卡中,单击"系统属性"按钮,弹出"主控窗口"属性设置对话框,如图 8–5 所示。在"基本属性"中选择"进入登录,退出不登录",单击"权限设置"按钮,弹出"用户权限设置"对话框,选择"A 组"。

系统进入和退出时是否需要用户登录,共有四种组合:"进入不登录,退出登录""进入登录,退出不登录""进入不登录,退出不登录""进入登录,退出登录"。

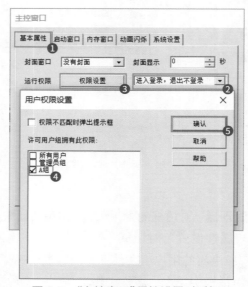

图 8-5　"主控窗口"属性设置对话框

8.3　用户权限脚本函数

用户操作权限在运行时才体现出来，用户在进行操作之前首先要登录，登录成功后该用户才能进行所需的操作。完成操作后退出登录，使操作权限失效。用户登录、退出登录、运行时修改用户密码和用户管理等功能都需要在 McgsPro 组态软件中进行一定的组态工作才能实现。在脚本程序使用组态软件提供的四个内部函数可以完成上述工作。

!LogOn（）：在脚本程序中执行该函数，弹出登录对话框，如图 8-6 所示。从用户列表中选择要登录的用户名（如果已经有登录用户，默认自动选择已登录的用户），在密码输入框中输入对应的用户密码，在登录时长输入框中输入用户登录时长（0~9999，0 代表永久），按回车键或单击"登录"按钮，如输入正确则登录成功并保存该用户的登录时长设置，否则会出现对应的提示信息。单击"取消"按钮停止登录。如果登录成功，才会替换当前已登录用户。

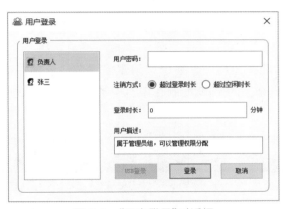

图 8-6　"用户登录"对话框

!LogOff（）：在脚本程序中执行该函数，弹出提示框，提示是否要退出登录，选择"是"则退出，选择"否"则不退出。如果无登录用户，弹出提示框，提示"当前没有登录用户！"。

!ChangePassword（）：在脚本程序中执行该函数，弹出"改变密码"对话框，如图 8-7 所示。

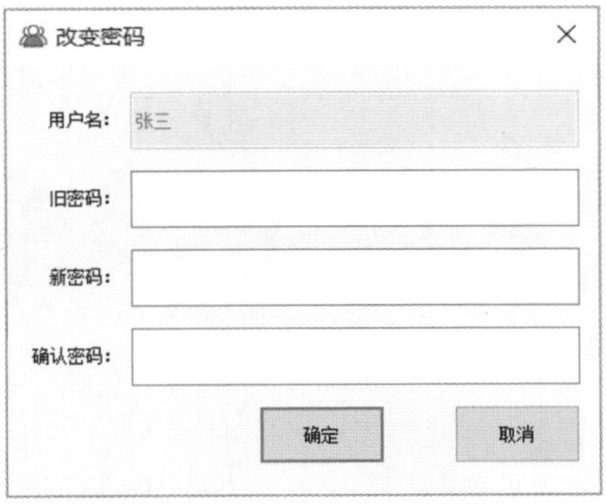

图 8-7　"改变密码"对话框

!Editusers（）：在脚本程序中执行该函数，弹出"用户管理"对话框，如图 8-8 所示。

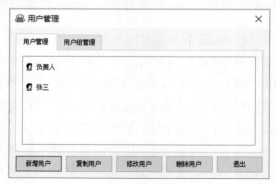

图 8-8 "用户管理"对话框

8.4 编辑用户登录画面

接下来需要完成"用户登录""退出登录""修改密码"以及"用户管理"界面编辑。

1. 添加按钮构件

从工具箱中单击标准按钮构件，在窗口编辑位置按住鼠标左键拖放出一定大小后，松开鼠标左键，于是一个按钮构件就绘制在窗口中了。按照相同的操作再添加三个按钮，如图 8-9 所示。

图 8-9 添加按钮构件

2. 基本属性设置

双击第一个按钮，打开"标准按钮构件属性设置"对话框，在"基本属性"中，将文本修改为"用户登录"，颜色设置、对齐方式设置等可按照默认方式选择，也可按照个人喜好进行修改。

按照相同的操作，依次将剩下的三个按钮文本改为"退出登录""修改密码""用户管理"，如图 8-10 所示。

图 8-10 基本属性设置

3. 添加脚本程序

（1）双击"用户登录"按钮，打开"标准按钮构件属性设置"对话框，切换到"脚本程序", 点击"抬起脚本", 可以编写脚本程序, 如图 8-11 所示。

图 8-11　添加脚本程序 1

（2）单击"打开脚本程序编辑器", 进入脚本程序编辑器窗口, 在右侧系统函数列表中找到"用户权限操作", 双击其中的 !LogOn（）脚本函数, 将其添加到左侧函数编辑框当中, 然后单击保存图标, 关闭窗口, 如图 8-12 所示。

图 8-12　添加脚本程序 2

（3）添加脚本程序之后返回"标准按钮构件属性设置"对话框, 抬起脚本中已添加用户登录按钮的脚本程序, 如图 8-13 所示。点击"确认"保存操作。

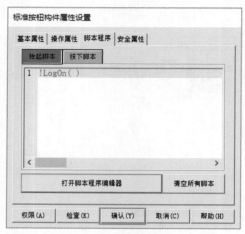

图 8-13　添加脚本程序 3

　　按照相同的操作方法添加退出登录按钮的脚本程序，在脚本程序编辑器中选择 !LogOff（ ）函数，如图 8-14 所示。

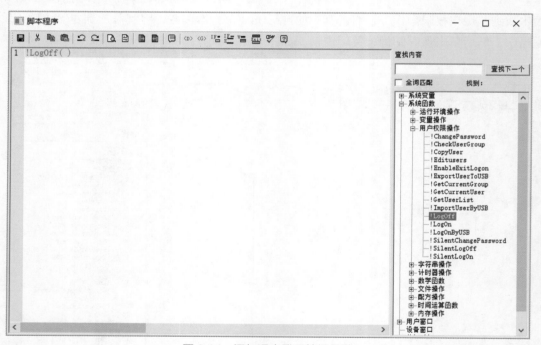

图 8-14　添加退出登录按钮函数

　　按照相同的操作方法添加修改密码按钮的脚本程序，在脚本程序编辑器中选择 !ChangePassword（ ）脚本，如图 8-15 所示。

图 8-15　添加修改密码按钮函数

　　按照相同的操作方法添加用户管理按钮的脚本程序，在脚本程序编辑器中选择 !Editusers（　）函数，如图 8-16 所示。

图 8-16　添加用户管理按钮函数

4. 模拟运行

在 McgsPro 组态环境软件中，选择菜单"工具"→"下载工程"或点击工具条中的下载按钮（或按 F5），进入"下载配置"，运行方式选择"模拟"，点击"工程下载"，等待 工程下载。

工程下载完成后，点击"启动运行"，启动触摸屏，运行工程。测试功能是否正常。

（1）进入模拟画面后，出现"用户登录"对话框，选择用户，输入用户密码，点击"登录"，如图 8-17 所示。

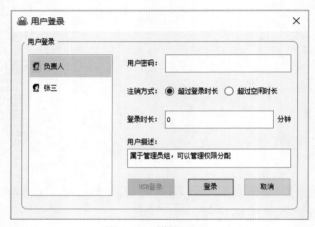

图 8-17　模拟画面 1

（2）点击"用户登录"按钮，出现"用户登录"对话框。

（3）点击"退出登录"按钮，出现"用户注销"对话框，如图 8-18 所示。

图 8-18　模拟画面 2

（4）点击"修改密码"按钮，出现"改变密码"对话框，如图 8-19 所示。

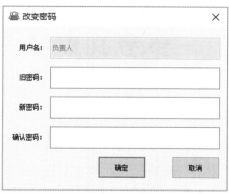

图 8-19　模拟画面 3

（5）点击"用户管理"按钮，出现"用户管理"对话框，如图 8-20 所示。

图 8-20　模拟画面 4

参 考 文 献

[1] 北京昆仑通态有限公司 .MCGS 嵌入版用户指南 .

[2] 北京昆仑通态有限公司 .MCGS 组态软件高级培训教材 .

[3] 张文明，华祖银 . 嵌入式组态控制技术 [M]. 北京：中国铁道出版社，2011.

[4] 李江全 . 组态软件 MCGS 从入门到监控应用 35 例 [M]. 北京：电子工业出版社，2015.

[5] 廖常初 . 西门子人机界面（触摸屏）组态与应用技术 [M]. 北京：机械工业出版社，2008.

[6] 肖威，李庆海 .PLC 及触摸屏组态控制技术 [M]. 北京：电子工业出版社，2010.